JN186049

「食」の図書館

ウイスキーの歴史

WHISKEY: A GLOBAL HISTORY

KEVIN R. KOSAR
ケビン・R・コザー【著】
神長倉伸義【訳】

原書房

目次

［……］は翻訳者による注記である。

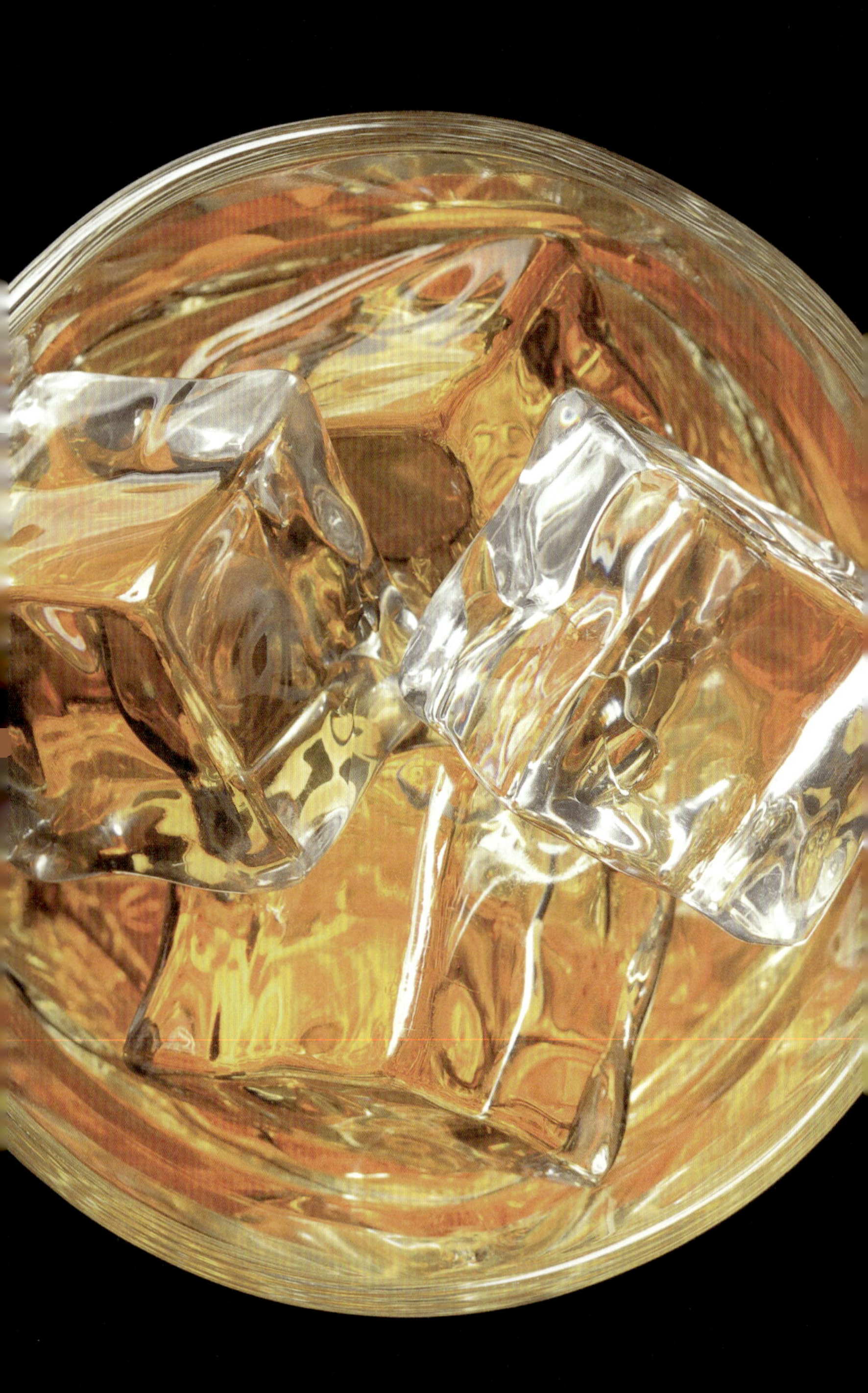

序章◉ウイスキーとはなにか?

ウイスキーの世界は魅惑に満ちている。銘柄は数百もあって、味がそれぞれに違う。アードベッグとラフロイグはどちらもシングルモルトのスコッチ・ウイスキーで、スコットランド西岸沖のアイラ島にある蒸留所は少ししか離れていないが、味わいの違いには際立ったものがある。

それぞれのウイスキーは原料と、生産設備と、そしてつくり手の違いを映し出している。さらに時の経過がこれらの要素を大小の変化で揺さぶる。製造法が見直され、水と土と穀物が変わり、蒸留所もウイスキー・メーカー(製造家)も歳をとり、やがて新しいものに取って替わられていく。新しい銘柄が生まれ、古い銘柄が消えていく。かと思うと、生き返る銘柄もあったりする。2010年につくられたブルイックラディの一瓶は、1950年の瓶と同じ味はしないというわけだ。それゆえ、心からウイスキーを求める人には、無限に新しい経験が提供される。なにしろそれはいつも進化しているのだから。

私がこの本を書こうという気になったのは、ウイスキーが単なる飲み物ではないからである。ウイスキーとは、もっと広い、政治的、経済的、文化的な現象なのだ。15世紀以前のいつかにつくられ始めたとき、ウイスキーは怪しげな、喉がやけつくような飲み物であり、イギリスの島々の村人や農民が粗雑な方法でつくっては楽しむものだった。今ではウイスキーには驚くほど多くの種類、ブランド（銘柄）があって、お金持ちにも、貧しい人にも、田舎でも都会でも飲まれている。ウイスキー製造は古里《ふるさと》の海岸から遠く離れてドイツ、日本、パキスタンやニュージーランドでも行なわれ、熟練の技であるだけでなく科学的な製法にもなってきた。

しかし――、いまさらウイスキーの本を書く意味があるだろうか。それが、あるのである。ウイスキーの本はたいてい、味を紹介するガイドブックだったり、ひとつのタイプのウイスキーとその生産地に焦点を絞ったものだったりする。アイルランドのアイリッシュ、スコットランドのスコッチ、アメリカのバーボン、という具合に。そういう本は、個々の蒸留所とブランド（銘柄）の物語に終始することになりがちだ。

こうした取り組み方の本は細かなことがよくわかるし、読んで楽しいが、ウイスキーがたどってきた紆余曲折が多くの国で驚くほど似通っているという大きな構図が見えなくなってしまう。巧妙に規制して課税しようとする政府、その政策が招く激しい反発、ウイスキー製造のブームと破綻と工業化、ウイスキーの政治問題化、ウイスキーが「国の文化」になっていくこと、その一方にある「文化」となることへの心理的抵抗。そしていまでは世界各地で消費者の取り合いをしている。そうしたことを考えると、世界中のウイスキーについてよく調べてみることには大きな意義があるといえるだろう。

そして、ウイスキー本の著者たちが、自分の書く対象に身も世も忘れて惚れ込んでしまうことがあまりに多いという事実も、あわせて指摘しておかなければならない。ウイスキー・メーカーのほら話や、広告会社が持ち出す馬鹿げた宣伝を鵜呑みにし、技にすぐれた老練な職人と彼に手ほどきを受けた若者たちが「昔ながらの手法で」ウイスキーをつくるという、なんとも美しい絵を描いて見せるのだ。私は蒸留所やウイスキー産地の町をいくつも訪ねたことがある。その多くは確かに美しいところで、忘れがたい人たちにたくさん出会った。詩や歌の中でウイスキーがもてはやされてきたのには、それだけの理由がある。

しかし、ウイスキーの世界にはつまらないことも醜い面もある。その第一は、ウイスキーがビジネスであることだ。自分で飲むために自家製のものを少しばかりつくる愛飲家もいるにしても、ウイスキーのほとんどはコンピュータ化された工場で、厳しく収支決算を検分する事業者の下でつくり出されていく。また、ウイスキーはアルコール度数の高い酒なので、上手にたしなむことができない人たちも多く、飲み方が悪かったり、飲みすぎたりして、喧嘩をしたり、家族を崩壊させたり、ときには死んでしまったりすることも少なくなかったのである。

本書は、中世暗黒時代のイギリスの島々から、21世紀のアメリカにまで続く荒々しい物語だ。その筋立てには政治の激動、技術革新、犯罪組織、道徳的抵抗、グローバリゼーションが含まれ、錬金術師、泥棒、精神病者、詩人、政治家、牧師、科学者からなる豊富な出演者が登場する。それに加えて、単に強い酒を楽しむだけの、幾万幾億もの人々も。

第1章◉始まり——種子から蒸留液へ

◉ウイスキー（Whisky）対ウイスキー（Whiskey）

ウイスキーの世界によくあるように、「whisky」と「whiskey」の「正しい用法」についても間違ったことが多く言われている。「whiskey」はアメリカで製造されたものをさす、と人々が主張するのを聞いたことがある。そんなことがないのは、アメリカ製のオールド・フォレスター・ケンタッキー・ストレート・バーボン・ウイスキーのボトルに「Whisky」と書いてあるのを見ればわかることだ。

ただし、多少の例外はあるものの一般的には、カナダとイングランドとスコットランドでは whisky というつづりが好まれ、アイルランドとアメリカでは whiskey が好まれるのは事

1870年のオールド・クロウ・ウイスキー（Whiskyの広告）

実と言える。

◉「ウイスキー」の定義

「ウイスキー」は、醱酵させた穀粒《こくりゅう》を蒸留し、木製の樽で熟成させたアルコール性飲料、と簡単に定義しよう。「穀粒」とは、種子のある草で、われわれ人間が食べるために栽培する、大麦、トウモロコシ、オート麦、ライ麦、小麦などをさす。樽で熟成させることはウイスキーの定義に欠かせない要素である。なぜならそれがウイスキーに色（藁《わら》のような黄色から焦げ茶色まで）と風味（たとえばバニラ）を与えるからだ。このふたつの特徴が合わさることによって、他の蒸留酒、コニャック（醱酵させたブドウ汁から蒸留される）やウォッカ（穀物やサトウキビや、他のほとんどなにからでも蒸留されるが、樽での熟成はしない）からウイスキーが区別されるものになるのである。

他の酒類と同じく、ほとんどのウイスキーは現代では80ないし86プルーフ、つまり40ないし43パーセントのアルコール度で瓶詰めされる。ただしすべてではない。たとえばジョージTスタッグ・ケンタッキー・ストレート・バーボン・ウイスキーは、目を疑うような142・7プルーフ（71・35パーセントのアルコール度）で瓶詰めされている。

◉ウイスキーの製造

ウイスキーを製造するにはふたつの工程が必要になる。醱酵と、蒸留である。

ごく簡単に言えば、醱酵とは砂糖と酵母と水からアルコールをつくることだ。ビールとワインは穀物とブドウの醱酵によってつくられる。ワインの場合、ブドウはつぶされて糖質を含んだジュースを出し、ブドウに付着していたか、ワイン・メーカーの大盤振る舞いで糖質に加えられるかした酵母が、炭酸ガスとアルコールをつくり出す。ビールには、もう一工程が必要だ。酵母が働く前に、穀粒をお湯で煮て糖質を出すようにしておかなければならない。

蒸留とは、液体を熱して沸騰させ、その蒸気を圧縮してまた液体に戻す工程である。だから言ってみれば、ウイスキーの製造とは、穀粒と水を醱酵させてビールをつくり、そのビー

ウイスキーの核心をなす成分、大麦。

ルを蒸留して酒あるいは蒸留液をつくり出すことなのだ。

そう考えれば、ウイスキーの製造は単純だ。ビールをつくり、ビールを沸かし、酔っ払いそうな蒸気が出てきたのを凝縮して酒をつくる。それで一丁上がり！　誰にでもつくれる。

まあ、そうとも言えるが、そうではないとも言える。味のひどい、喉が焼けるような質の悪いウイスキーをつくるのはとても簡単だ。しかし、うまくて気分が楽しくなるような良質のウイスキーをつくるには、かなり努力しなければならない。試みた人は多いが、成功した人は少ない。

なぜかというと、味を決める要因が良くも悪くも多様であるからだ。これらの要因には、使われる水の特徴、酵母と穀粒の質と量と種類、スチル（蒸留器）の形と構造、それにウイスキーが蒸留される回数が含まれる。蒸留後の熟成の過程では、さらに多くの要因が加わる。ウイスキーの貯蔵時間、貯蔵される樽それぞれの特徴、樽の木材の種類、内部の状態（たとえば、新しいか、内側が焼かれているか、以前に他の飲料、シェリーやバーボンを入れるのに使われたことがあるか、など）。そして、倉庫に保管される樽の位置ごとに細かに異なる温度や湿度。さらに言えば、ウイスキーの製造工程そのものが、そもそも多大な努力を強いるものなのだ。それは化学と職人技の結婚とでも言える四つのステージからなっている。製麦と仕込み、醱酵、蒸留、そして熟成と瓶詰めだ。そのすべてが細心の注意を払って実施されなければ、味の良いウイスキーはできないのである。

それぞれの蒸留所が独自の製造法をもっている。次に示すのは、ウイスキーをつくる工程のごく簡単なあらましだ。

◉製麦と仕込み

穀物の種子から蒸留酒をつくるために、ウイスキー・メーカーは硬いデンプン質の種子を手に入れ、それを糖質に変換して、醱酵、蒸留ができるようにしなければならない。

この作業を理解するには、まず基本的な問題を認識する必要がある。種子とはなにか、という問題だ。簡単に言えば、種子は未発育の、赤ん坊の植物である。その内側には胚《はい》があり、芽に成長しようとしている。種皮《しゅひ》が胚と胚乳《はいにゅう》を守り、胚は胚乳の養分（デンプン質）を吸収して生長する。適切な環境条件（光、温度）と水があれば、種子は生気を得て成長し始め、酵素（シターゼとジアスターゼ）を製造して種皮を炭水化物（デキストリン）と糖質（マルトース）エネルギーに変換するのを助け、種子が成長するために利用できるようにする。一方、ウイスキー・メーカーは糖質を自分の目的のために使おうとする――種子には糖質をつくらせるが、その糖質を種子には使わせないのだ。

この結末に至るまでに、製麦《せいばく》と仕込みは大きく分けて3つの段階を経る。モルティング（製麦）、ミリング（粉砕）、そしてマッシング（糖化・濾過）である。

モルティング（製麦）　この段階で「モルト（麦芽《ばくが》）」、つまり粉砕されて糖化され、醗酵、蒸留を経てウイスキーになるのが可能な形の穀粒になる。モルティングは浸麦《しんばく》、発芽、乾燥の3工程を経て行なわれる。

ウイスキー・メーカーは、穀粒の種子を水のタンクに数日間浸けて水分を吸収させる［浸麦］。タイミングが重要だ。もし水分が足りないと、種子は十分に成長しない。種子が水分を含みすぎれば、マッシュ（どろどろの粥のようなもの）になってしまう。次に、穀粒を大

アイラ島（スコットランド）のラフロイグ蒸留所のモルティング・ルーム

きなコンテナに移して発芽（成長）をうながす。胚が目覚め、代謝作用が始まる。

種子が成長の特定のポイントに達すると、乾燥（キルニングとも呼ばれる）させて発芽を止める。1日か2日の間、種子に温風をあてるのだ。ウイスキー蒸留所を見学したことのある人は、たくさんの小さなパゴダ［仏塔］のような塔（キルン）があったことを覚えているだろう。この塔は60℃の空気を蒸留器から排出する。乾燥のための温風をどう熱するかについては、一般的にはとくに興味を引くようなことではないが、スコッチ・ウイスキーの場合は別だ。ピートと呼ばれる、植物が十分に分解されないまま粘土状に堆積してできた泥炭を細長く切り出したものを、ストーブにくべる。燃やされたピートは煙と、海藻のようなこくのある薫りを出し、その薫りが乾燥中の大麦の種子にうつっていく。このためにスコッチは煙のような（スモーキー）匂いや味がするのである。

ミリング（粉砕）　発芽した穀粒、つまりモルト（麦芽）は、次にミリング（粉砕）される。粉砕の重要さを理解するには、パンがどのようにつくられるかを思い出してみるといいだろう。ボウルの中のライ麦か小麦の種子に水と酵母を加えても、大した変化は起きない。ところが、そのライ麦や小麦の種子をまず砕いて粉にしておき、それから水と酵母を加えると、パン生地ができる。それが膨らみ、焼かれてパンになるのである。大まかには同じ原理がウイスキーにも当てはまる。種子の幼根と胚乳を取り除いたのち、ミル（粉砕機）に入れて粉にする。

マッシング（糖化）　モルト（麦芽）に含まれているデンプンを麦芽に含まれる糖化酵素で糖質に変えることをマッシング（糖化）と言う（この糖質がアルコール生成に必要となる）。粉砕した麦芽をマッシュタンと呼ばれる大きなタンクの中に投入し、お湯を入れ、機械仕掛けの熊手のようなアームで水分の多い粥状になるまでかき回すのである。30分後あるいはもう少し後に、マッシュタンの底のスリットからお湯（麦汁《ばくじゅう》）を排出し、集めておく。そし

マッシュタンに湯が流れこむ。スコットランド、アイラ島のブルイックラディ蒸留所。

てもっと熱いお湯が再びマッシュタンに注がれ、その麦汁も集められる。お湯の温度を上げながら、麦汁は通常3回集められる。マッシングはジアスターゼ酵素を活性化し、モルトのデンプンとデキシトリンを糖質に変える。マッシングの効果はめざましい。デンプン質でまずそうな煮粥が、甘くておいしい液体になるのである。

粉砕したモルトの中でもっとも魅力的な部分はウォート（麦汁）と呼ばれ、マッシュタンから流し出され、熱交換器を通される。これはウォートという湯気を出す甘いスープを冷やす装置で、ウォートはここを通って、醱酵のための大きなタンク（ウォッシュバック＝醱酵槽）へ流れていく。

◉醱酵

醱酵というショーのスターは、菌類の王国からやってきた単細胞微生物である酵母だ。酵母の一生は単調で、なにも気にせずに食べ、繁殖し、死ぬ。これまでに1500種を超える酵母が科学者によって確認されている。

その中でも、アルコール製造者にとくに好まれている酵母がある。サッカロマイセス・セレヴィシエ（*Saccharomyses cerevisiae*）という出芽酵母で、直訳すると「ビールの糖質のカビ」ということになる。酵母は糖質で育つ。糖質は無性生殖に必要な養分を供給する——子酵母は成熟した酵母から雑作もなく芽吹くわけで、アテナ女神がゼウス神の頭から誕生した話に少し似ている。このサッカロマイセス・セレヴィシエを糖質の中に混ぜると、アルコール、炭酸ガス、コンジナーが生成される。コンジナーというのは、酸とエステルを宿らせるものを示すのに使われる大ざっぱな用語なのだが、これにはさまざまな要素が混在していて、ウイスキーに魅力的な味わいを与える要素もあれば、味をだいなしにするものもある。

他の生物と同じように、酵母は限られた温度の幅の中——およそ10℃から37・8℃——でしか生きられない。冷温になると酵母は動きが麻痺し、高温では息も絶え絶えになる。沸騰したウォートにサッカロマイセス・セレヴィシエを投げ込むとたちまち死んでしまい、タン

ウォッシュバック（醗酵槽）でウォート（麦汁）が醗酵中。ケンタッキー、クラモントのジム・ビーム蒸留所。

クの中の穀物と水はなにも変化しない（ウォートが熱交換器で冷やされるのはこのためである）。

すべての酵母は働きが違い、異なるコンジナーをつくり出す。だから蒸留家は、ビール醸造家やワイン醸造家と同じく、使用するサッカロマイセス・セレヴィシエの菌株を念入りに選ぶ。多くのウイスキー・メーカーは独自の酵母培養地を持ち、用心のために補助培養地を蒸留所から離れた場所に確保している。厳密に同じ酵母菌株を毎回使うことは、最終的にできあがるウイスキーの味を、蒸留家が意図した通りのものに、そして消費者が期待する通りのものにするために欠かせないステップだ。

糖質の豊富なウォートは酵母にとって幸せ

な場所だ。快適に繁殖に励めるからである。醱酵が始まり、ウォートはウォッシュバック（醱酵槽）の中で2日間かそれ以上、泡をぶくぶく出し、アルコール度5～10パーセントになる。しかし、お楽しみはそれまで。酵母はやがて活動を終え、死滅する。この醱酵で出来上がるのがウォッシュ（醱酵終了もろみ）、「蒸留家のビール」と呼ばれる低アルコールの液体だ。

◉蒸留

アルコール分を含む液体であるウォッシュは依然として一種の有機物質である。なにもせずにそのまま放っておくと、ものの数時間で空気中の微生物が侵入し、腐敗を誘発してしまうかもしれない。これを避けるために、ウイスキー・メーカーは急いでウォッシュをスチル（蒸留器）へ移し、沸騰させる。ウォッシュをすべてスチルに放り込む方法もあるし、水分のとくに多い部分だけを抽出し、酵母とどろどろになった穀粒粉は使わない方法もある。どうするかはウイスキー・メーカーの好みの問題である。スチルの中に入れられたものは、そこから生まれる酒の風味に影響するのだから。

スチルの形と大きさはさまざまだが、大まかに言うとふたつのタイプがある。ポットスチル（単式蒸留器）とパテントスチル（連続式蒸留器もしくはコフィースチル）である。ポッ

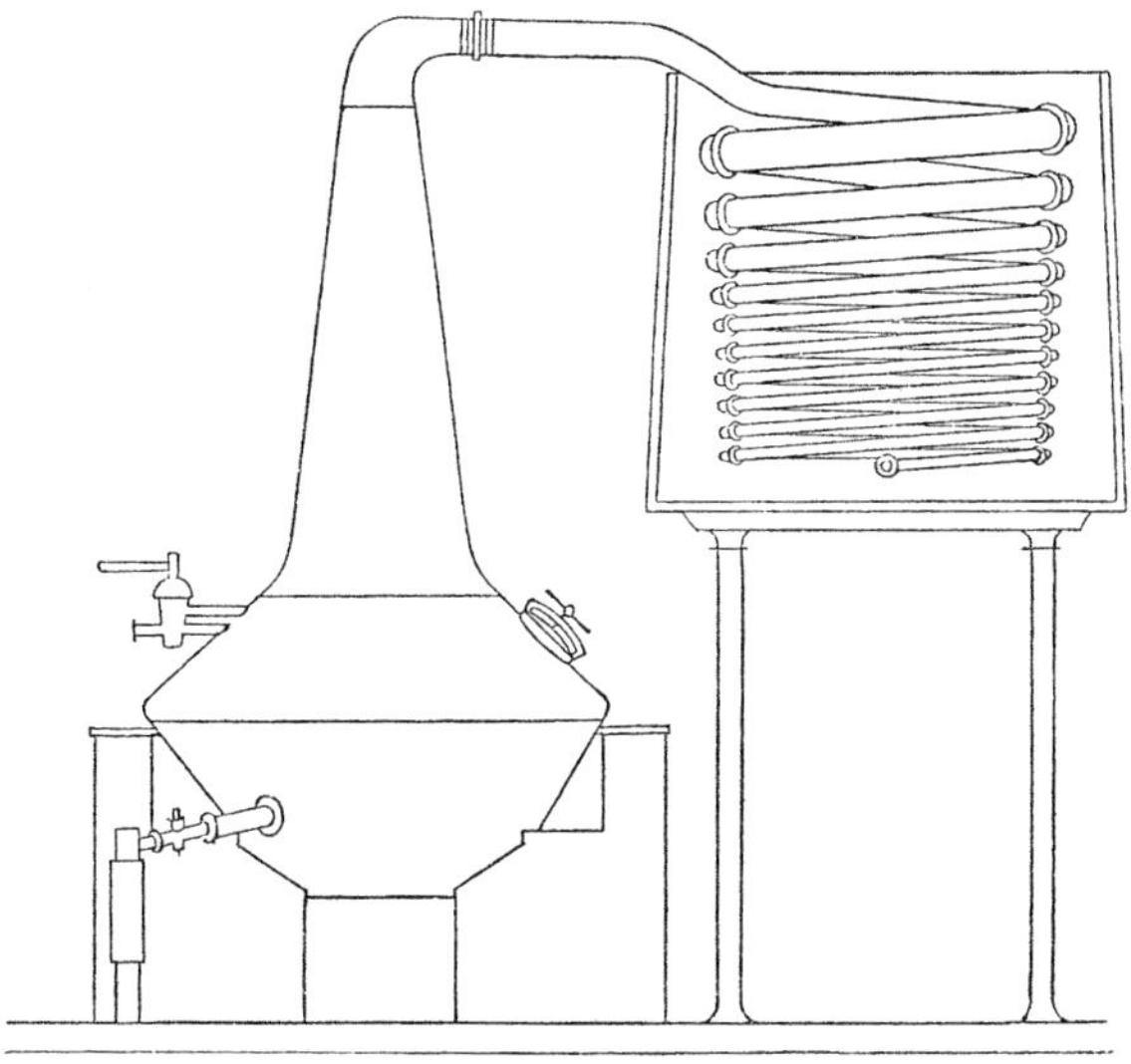

シングル・ポットスチル

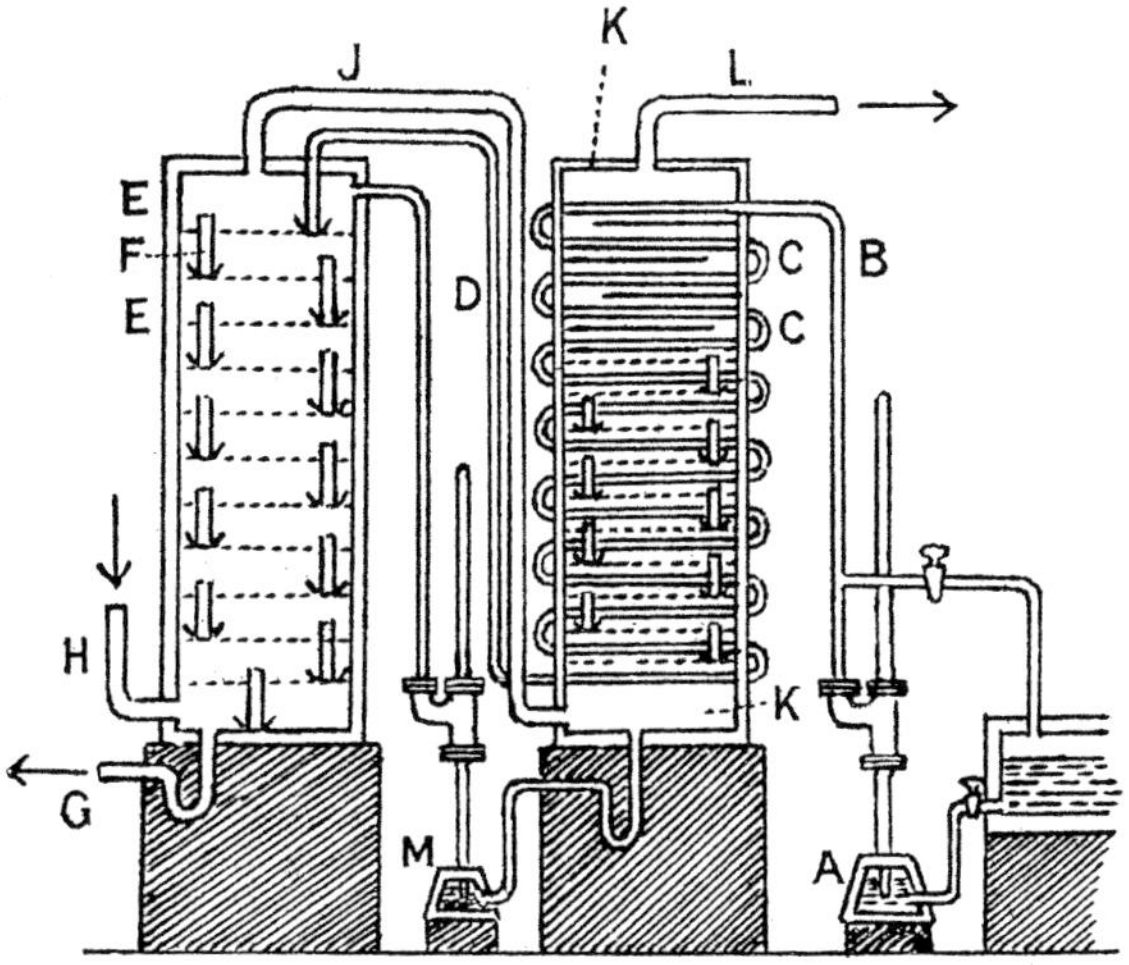

コフィー（特許取得者）の連続式スチル

トスチルは、ちょっと見には巨大な銅製のヒョウタンのようだ。球根状の底部から上へ行くにつれて細くなり、首は鋭く曲がっている。ウイスキーをつくるときは、ふたつか3つのポットスチルが必要になる。一方、パテントスチルは丈の高い――9メートルを超える――メカニックな円筒がふたつ以上並び立つものだ。ポットスチルは1000年前から使われてきたが、パテントスチルが現れたのは19世紀になってからである。

どちらのタイプも、ウイスキー・メーカーは流し込まれたウォッシュを熱するためにスチルを使う。温度は正確でなければならない。ウォッシュの中のアルコールが気化するくらい高くなければならないが、ウォッシュの水分を蒸発させるほど高くてはいけない（ウイスキーをつくるのであって、蒸留水をつくるわけではない）。また、熱でウォッシュを焦がさないよう気をつけなければならない。蒸留液が焦げ臭くなってしまう。

熱せられたアルコール蒸気はパイプ［アランビック。ランビキともいう］を通ってコンデンサー（冷却器）に到達する。これは冷たい銅の管（ポットスチルの場合）か板（連続式スチルの場合）で、蒸気を凝縮して液体（蒸留液）にする。

銅は蒸留工程で鍵になる役割を果たす。熱したウォッシュの中の好ましくない化合物のいくつか、たとえば硫黄が銅にぶつかると、脂ぎった化合物（グランジとも呼ばれる）を合成するが、それは凝縮された酒とともにスチルから流れ出すことなく、スチルの中にとどまる。

スチルがつくり出すすべての蒸留液が、飲むに値する味であるわけではない。ウイスキー・メーカーは、コンデンサーから流れ出る蒸留液を注意深く監視しなければならない。計器（多くの場合コンピュータ化されている）で蒸留液の状態を読み取りもするが、人間の目で色や様子を判断する作業は欠かせない。

蒸留液は、でき始めの部分も最後の部分も、ともに味のよくない物質を含んでいる。そのため醸造家は、蒸留の初期に出る蒸留液（フォアショット）と最後に出る蒸留液（フェイント）は使わず［ただし捨てずに再利用はする］、蒸留の中間に出る蒸留液（ミドルカット）だけをレシーバー［蒸留液をためる容器］に送る。どの部分を使わず、どの部分を使うのか、

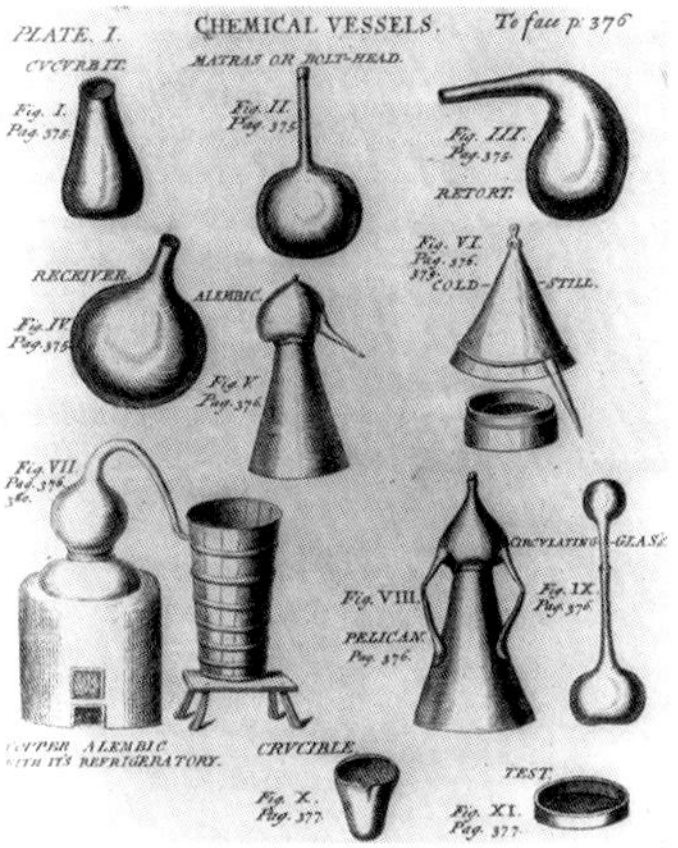

アランビック（ランビキ）の図解。ヘルマン・ボアハーヴェ、1727年。

クラインリシュ蒸留所のポットスチル。スコットランド、サザーランドのブローラ。

少しでもタイミングを間違えるとウイスキーの味に悪い影響を及ぼす。だが、その悪影響は何年も後にならないと分からない。

◉熟成と瓶詰め

蒸留液レシーバーの中のウイスキーは水のように透明で、アルコール度数が高い。140ないし160プルーフ（70ないし80パーセント）だ。通常、ウイスキー・メーカーはウイスキーの度数を下げるためにウイスキーを樽に貯蔵する前に水を加える。しかしなかには、ウイスキーを「樽の強さ（カスク・ストレングス）」で提供する蒸留家もいる。どういうことかというと、瓶詰め前に水で度数を下げないでおくのだ。たとえば、コネマラ・アイリッシュ・ウイスキーには120プルーフ（60パーセント）という「樽の強さ」のものもある。

ウイスキー・メーカーとマーケティング担当者が、樽での貯蔵熟成や、自分たちが用いる樽の固有の質、その置き場所の重要さを強調することはよくある。それも無理はない。ウイスキーの色のすべてと、風味の50パーセントは、樽での貯蔵熟成を通して醸し出されるからだ。そして、ひとたび瓶に入れて封をされると、ウイスキーはほとんど変化しない。

樽にはさまざまな大きさがある。アメリカン・ウイスキーのほとんどは53米ガロン（約

樽づくりの職人

200リットル）の樽で熟成される。スコッチ・ウイスキーは50ガロン（約190リットル）の「バレル」や、66ガロン（約250リットル）の「ホッグスヘッド」、あるいは132ガロン（約500リットル）の「バット」と呼ばれる樽に貯蔵される。大きさは重要だ。たとえば、小さければ小さいほどウイスキーは迅速にその色と風味を樽から吸収することになる。これは単純な算数の問題である。小さな樽のウイスキーは、大きな樽のウイスキーよりも、接する木材の表面積が大きい。ホッグスヘッドを例に取ると、ウイスキー1リットル当たり、バットよりも25パーセント多く木材の表面積があることになる。

材木の種類と熟成樽のコンディションもウイスキーに大きな影響を及ぼす。ある種のウイスキーはヨーロピアン・オークからつくられた樽に入れられるが、多くは、アメリカン・オークからつくられた樽で熟成される。ウイスキー・メーカーは、とくに冷涼な気候で育ったオークからつくられた樽を好む。木がゆっくり成長するために、木材の密度が高くなるのである。密度が高いほど樽は長持ちし、中のウイスキーは蒸散しにくくなる。ウイスキーの蒸散は無視できる問題ではない。わずか4年の間に、ひとつの樽で12ガロン（約54リットル）もの蒸留液を失うことがある。その量を数百数千の樽に掛けてみれば、驚くほどの金額が大気中に消えてしまうことになるわけだ。ウイスキー・メーカーはこれをエンジェルズ・シェア（天使の分け前）と呼んでいる。

バーボンの樽の内側を焦がす。ケンタッキー、ロレットのメーカーズ・マーク蒸留所。

タイプの異なるウイスキーはそれぞれ調整法の違う樽で熟成される。アメリカ政府の規則で、バーボン・ウイスキーは、1度も使われたことのないホワイト・オークの樽の、内側を焼いて炭化させたもので熟成されなければならない。アイルランドとスコットランドのウイスキー・メーカーは、使用済みのバーボンの樽やマデイラ酒やシェリー酒の樽で自分たちの蒸留液を熟成させることがよくある。

ウイスキーが樽で熟成される期間は、ウイスキー・メーカーの判断、経済状況と法律によって左右される。ウイスキー・メーカーはウイスキーの風味を最大限に生かそうとする。5年間熟成されたウイスキーは2年間熟成されたものよりもよい味になることが多い。しかしながら、どんなウイスキーでも、やがては熟成の効果は減り始め、ついには過熟による悪影響が出てくる。だから、20年もののウイスキーが10年もののよりも味が悪いということもありうるのである。その上、ウイスキー・メーカーは製品を市場に出せという営業面からの要請に追われている。古いウイスキーが若いウイスキーよりも高い値段で売られることが多いのは事実であっても、蒸留所を稼働させる費用はその日のうちに払われなければならないのもまた事実なのだ。そこでさまざまな国が、法律や条例で最低限の必要熟成年数を定め、各種ウイスキーの品質を維持しようとしてきた。アメリカは、バーボン・ウイスキーは少なくとも2年熟成されなければならないと命じている。カナダ、アイルランドとスコットランドは、

ウイスキーの樽の貯蔵。ケンタッキー、ロレットのメーカーズ・マーク蒸留所。

自国のウイスキーが少なくとも3年熟成されることを求めている。

熟成された後、ウイスキーは樽から出され、瓶に詰められる。ただし、ヴァッテド・ウイスキーとブレンデッド・ウイスキーは瓶詰め前にウイスキー同士を混ぜる工程がある（これを「ウイスキーの結婚」と呼ぶ）。ヴァッテド・ウイスキーとは、モルト・ウイスキー同士（あるいはグレーン・ウイスキー同士）を混ぜたもののことで、ブレンデッド・ウイスキーとはモルト・ウイスキーとグレーン・ウイスキーを混ぜたものである。グレーン・ウイスキーとは、モルトではなくトウモロコシその他の穀粒からつくられたものを言う。

嘆かわしいことだが、多くのウイスキー・メーカーは瓶詰めの前にカラメル色素でウイスキーに色をつけている。彼らはこの行為を正当化するために、こう主張してきた。ふたつの樽の熟成が厳密に同じになることはないので、あるウイスキー10年ものの樽から出たウイスキーの色は、もうひとつのウイスキー10年ものの樽から出たウイスキーと同じ色にはならない、だからやむを得ないのだ、と。消費者を混乱させないために、どのウイスキーの瓶も確かにまったく同じに見えるようカラメル色素が用いられるというわけだ。だが、色を付けることは、ウイスキーの色が濃いほど古くて味がいいというよくある誤解を助長することにもなる。

多くのウイスキー生産者は、瓶詰めの前にウイスキーをフィルターに通す（濾過）。こうすることで樽の炭化成分が取り除かれる。同時にフィルターは脂肪酸とエステルも取り除く。これらの物質は、飲むときに水や氷を加えるとウイスキーが曇った色に見える原因なのだ。濾過を批判する人たちは、これは見映えをよくするためにウイスキーの微妙な風味を犠牲にするものだと主張している。

ウイスキーの瓶に記された年数は、ウイスキーが樽の中で過ごした年数を示している。ブレンデッドあるいはヴァッテド・ウイスキーの瓶には異なった年数のウイスキーが混ざって入っているが、ラベル上の年数は混ぜられたものの中でもっとも若いウイスキーの年数でなければならない。大ざっぱだが手っ取り早く言うと、もしラベルにウイスキーの年数が明示されていなかったら、そのウイスキーは4年未満しか熟成されていないと思っていい。

◉ウイスキーの種類

頭痛を起こすのに便利な方法は、酒屋のウイスキー売り場に立って、瓶のラベルを端から読むことだ。そこには、他のウイスキーとはいかに異なるかを説明する難解な言葉がずらりと並んでいる。ピュアモルト、サワーモルト、ブレンデッド、スモールバッチ等々。いくつか有用な用語もあるが、それ以外はなにかを明らかにするよりもむしろわかりにくくさせてしまうものばかりだ。

多くのウイスキー事典、たとえばゲイヴィン・D・スミスの『ウイスキーのすべて *The A to Z of Whisky*』などはこういう用語を全部定義しているが、本書では基本からそれないことにする。突き詰めれば、ウイスキー瓶の棚を見つめる人が知りたいのは「どんな味がするのか」ということである。ウイスキーの基本的なタイプの知識を持てば、ある瓶の風味を大まかに把握できるようになる。初心者がまずざっと整理するには、国別に分類してみるのがいい。アメリカン・ウイスキーには甘味のあるものが多い。カナディアン・ウイスキーはライトボディでフルーティなものが多い。アイリッシュ・ウイスキーはカナディアン・ウイスキーよりもこくのあるものになりがちで、スコッチ・ウイスキーにはだいたいスモーキー・フレーバーがある。

このことをまず記憶にとどめたら、表（35ページ）に掲げた、ウイスキーのより精巧な定義とさまざまな下位分類に進もう。これは法律とウイスキー産業の慣行によって定められた複雑な定義の簡略版だ。

この定義は、製品の風味を知る手がかりを提供する点で重要である。ちょうど、大麦のスープはコーン・スープの味がしないように、アイリッシュ・ウイスキー（大麦ベース）はバーボン（トウモロコシ・ベース）と同じ特徴は持っていない。その上、ポットスチルでつくら

ウイスキーの種類

◉アメリカン・ウイスキー

バーボン…51%以上のトウモロコシを原料として蒸留され、内側を焦がしたオーク材の新樽（バレル）で貯蔵熟成されたウイスキー。

コーン・ウイスキー…80%以上のトウモロコシを原料として蒸留されたウイスキー。

ライ・ウイスキー…51%以上のライを原料として蒸留され、内側を焦がしたオーク材の新樽（バレル）で貯蔵熟成されたウイスキー。

テネシー・ウイスキー…テネシーで蒸留され、サトウカエデの木炭で濾過し、内側を焦がしたオーク材の新樽（バレル）で貯蔵熟成されたバーボン・ウイスキー。

◉カナディアン・ウイスキー

カナディアン・ウイスキー…中性スピリット（ほぼ風味のないもの）と少なくとも3年間貯蔵熟成されたウイスキーのブレンド。

◉アイリッシュ・ウイスキー

アイリッシュ・ウイスキー…大麦あるいは他の穀粒から蒸留され少なくとも3年間樽（カスク）で熟成されたウイスキー。ほとんどのアイリッシュ・ウイスキーはアイリッシュ・ポットスチル・ウイスキー、モルト・ウイスキー、そしてグレーン・ウイスキーのブレンドである。

アイリッシュ・シングルモルト・ウイスキー…ひとつの蒸留所で製麦された大麦からポットスチルで蒸留されたウイスキー。

アイリッシュ・ポットスチル・ウイスキー…製麦された大麦と製麦されない大麦からポットスチルで蒸留されたウイスキー。

アイリッシュ・グレーン・ウイスキー…大麦とその他の穀粒からパテントスチルで蒸留されたウイスキー。

◉スコッチ・ウイスキー

スコッチ・ウイスキー…大麦あるいは他の穀粒から蒸留され、少なくとも3年間樽（カスク）で熟成されたウイスキー。今日販売されるスコッチのほとんどはブレンデッド・スコッチである。

シングルモルト・スコッチ・ウイスキー…ひとつの蒸留所で製麦された大麦からポットスチルで蒸留されたウイスキー。

シングルグレーン・スコッチ・ウイスキー…ひとつの蒸留所で製麦された大麦あるいは他の穀粒からパテントスチルで蒸留されたウイスキー。

ブレンデッド・スコッチ・ウイスキー…ひとつ以上のシングルモルト・スコッチ・ウイスキーとひとつ以上のシングルグレーン・スコッチ・ウイスキーとのブレンド。

れたウイスキーはパテントスチルでつくられたウイスキーより、こくのある風味になる傾向がある（第4章を参照）。

良いウイスキーをつくるには複雑な工程を要し、多くの技能と修練を必要とすることは間違いない。その方法を解明できたら、実際にうまく実行できるかどうかは別としても、それだけでものすごいことだ。

ここで疑問が湧いてくるはずだ。「誰が、いつウイスキーを発明したのだろうか」

第2章 ◉ 初期の歴史

◉ウイスキーの起源は諸説紛紛

ウイスキーはいつ発明されたのか、誰によって、なぜ発明されたのか。これはもっともな疑問だが、はっきりした答えはない。参照する本によって答えはさまざまだ。ただし、たいていの説が少なくとも２０００年前に古代ギリシアか近東の賢者が蒸留の方法を発見したこととウイスキーの誕生を関連づけている。この知識はなんらかのかたちでイギリス諸島にたどり着いた。おそらく聖パトリック［アイルランドの守護聖人］とキリスト教の宣教師たちが伝える役を担ったのだろう。あるいは、知識をヨーロッパにもたらしたイスラム教徒のムーア人だったのかもしれない。後者の仮説を支持する人々は、「アルコール」という言葉がアラビア語の「アル－コホル」という用語から来ていることを指摘したがる。それがイギリス諸島に到来するや、錬金術師あるいは聖者たちが蒸留を実験し、穀物粒をうまい酒、やがて「ウイスキー」と呼ばれることになるものにしたのだと主張する。

価値あるものの例に洩れず、ウイスキーは自分たちや自分の母国の世襲財産だと主張する人々がいる。おもしろいのは、そう主張する人の中に、実は主張を裏付ける手がかりさえないと認めながらも自説に固執する人がいることだ。たとえば『アイリッシュ・ウイスキーの1000年 *1000 Years of Irish Whiskey*』の著者マラキー・マギーはこう述べている。「一体いつどこで始まったのか誰もはっきりしたことは言えないが、もとは生命の水を意味するオスケバウ（uisce beatha）と呼ばれたウイスキーが、最初にアイルランドで製造されたのはほとんど確かである」。マギーはどうして確かだと言えるのだろう？　彼は説明などしない。アイルランド人の宣教師が中東に伝道に出かけたときに蒸留を学び、その技術を紀元500年ないし600年以降に持ち帰ったと断言するだけだ。これが「アイリッシュ・ウイスキーの1000年」と厳密にどう計算が合うのかはっきりしないが、マギーにとって疑いの余地がないのは、スコットランド人が「結局は自然の賜物の豊富さにつけこんだ」ずる賢い連中だということなのだ。

ウェールズのいたずら好きの風刺画家ラルフ・ステッドマンは、1994年の著書『スティル・ライフ・ウィズ・ボトル *Still Life with Bottle*』の中の「われわれが発明したと言いたがる」でこうからかった。

デイオクレティアヌス帝時代（紀元２８４〜３０５）のエジプト人は、本当にひどい大酒飲みだった。酒はエジプト人からバビロニア人へ、バビロニア人からヘブライ人へと伝わった。鎮静剤をぶち込まれた徒歩伝令がそのニュースをトラキア［バルカン半島東部］に伝えるやいなや、彼の地で革製のアクセサリーやベルトのバックルを売り歩いていたケルト人が……

ステッドマンは、西ヨーロッパでの蒸留は最初にウェールズ人によって達成されたと言明する。１３２９年、羊毛の脂っこいエキス、ラノリンを蒸留して強い酒をつくったのだと。ある特定の人物をなにかの発明者だと断言するとき、たいていそれは怪しげな説である。チャールズ・クロスとルイ・デュコ・デュ・オロンはまったく別々にカラー写真を考え出した。アレクサンダー・グラハム・ベルとエリシャ・グレイも、遠く離れた場所で同時に電話を考案した。こんな複雑な技術が同時に生まれたのだ。ウイスキーだってそうだった、と考えてもいいはずだ。

◉「ウイスキー」と呼ばれたものの正体

私たちが今日、大昔の人間がなにをしたかを知ろうとしたら、過去の文書や人工遺物（日常品など）に彼らの活動の痕跡を見つけるのが唯一の方法である。そんな情報がないのに、紀元６００年に猫背の毛むくじゃらの獣のような人間が、ガリアの地［現在のフランス、ベルギーなどを含むローマ帝国の一部］で、自分が暮らす洞窟の壁の表面についていた大麦ジュースの水滴を舐めたときにウイスキーを発見した、などと言えるはずはない。

たとえ全人類の生活すべてをハードディスクに記録し、保管するコンピュータがあったとしても、ウイスキーの起源を探索する歴史家は、満足に検索さえできないと思われる。なぜかというと、19世紀年以前は、人を酔わせる飲料をなんと呼ぶかについての一致した見解がほとんどなかったからだ。一致した見解どころか、言葉は「無政府状態」だった。英語の単語について考えただけでも、「ブランデー」という言葉は現在では果汁を蒸留した酒をさすが、かつては蒸留酒（リカー liquor）一般を意味した（原料は果物でも地下茎でも穀粒でもよい）。同様に、リカーは人を酔わせる飲料すべてをさすことが多く、ビールとワインも含んでいたのである。

これまでのところ、研究者たちは「ウイスキー whiskey」という言葉が最初に現れたのは

1753年版の『ザ・ジェントルマンズ・マガジン *The Genntleman's Magazine*』だとしている。あるダブリンの店で「120ガロンのあの呪わしい酒(spirit)、ウイスキー(whiskey)が売れた」という記述があるのである。一方、『オクスフォード英語大辞典』には、whiskee(やはり1753年)、whisky(1746年)、whiskie(1715年)という使用例があると記されている。

whiskeyという言葉はusky(usquæまたはhusqueともつづられる)という言葉からきたのかもしれない。これは明らかにゲール語のusque baughが英語化したものだ。この語は「オスーケーバウ oss-keh-baw」と発音され、「生命の水」を意味した。さらにややこしいのは、usque baughには少なくともあと半ダースの別のつづり方がある。usquebae(1715年)、uskebath(1713年)、usquebagh(1682年)、uscough baugh(1600年)、iskie bae(1583年)、uskebacghe(1581年)など。知られている中でもっとも早いこの言葉の先祖は、uisce betha(1405年)で、アイルランド(オスケバウ oss-keh baw)とスコットランド(ウシュキベハ ooshkie-bayha)では発音が異なったようだ。

ウイスキーという言葉の語源について考えるときにもどかしさを感じるのは、要するにそれがどんな飲み物だったのかがわからないからである。書き手は用語の説明や定義をしないことが多く、あるいは私たちがウイスキーと呼ぶ、穀物粒をベースにした飲み物とはずいぶん違うなにか別のものの記述にその言葉を用いているのだ。イギリス国王に仕えたある役人は、1600年にブドウでつくった「usquebaugh」という薬用ドリンクについて記している。別の書き手は1658年に、ハチミツとワインとハーブを混ぜた「usquebach」という飲み物に言及している。ジョージ・スミスは1725年の著書『ザ・コンプリート・ボディ・オブ・ディスティリング *The Complete Body of Distiling*』に「usquebaugh」のレシピを載せているが、そこには大麦麦芽、サトウキビの糖液、クローブ、コリアンダー、シナモン、ナッツと砂糖が含まれていた。

『クロンマクノイズ年代記 *Annals of Clonmacnoise*』(1405年)の中で、モインティィレオラスの族長リチャード・マグラネルが「オスケバウ uisce betha」を飲みすぎたあとに倒れた、とあるのを読んでも、それがどういう種類の飲み物だったのか、私たちには知ることができないのである。

●歴史文書からなにがわかるか

それでは、ウイスキーに関して歴史文書からなにがわかるだろうか。実を言うと、1500年以前の歴史文書は乏しく、あっても人をひどく困惑させる。

初めて蒸留が行なわれたのはおよそ1万年前にさかのぼるという説もあれば、紀元前8000年代にエジプトと近東で、紀元前6000年頃にヨーロッパで穀物が栽培され、貯蔵されていたという考古学的証拠もある。

古代エジプト人が穀物をビールに変え、そのための種々のレシピを試していたことを示す確かな証拠がある。古代ヘブライ人もまた同じことをしていた。

ヨーロッパ人がビール製造の知識を近東から得たのか、それとも自分たちで考え出したのかについては、はっきりしていない。イギリスで紀元前3000年にビールの醸造が行なわれたことを示す証拠はある。しかし、醱酵と蒸留のふたつの技術を結合させるウイスキーの製造は、何世紀も後のことである。

興味深いことに、聖書はビールとワインを「強い酒 strong drink」と呼ばれるなにかと区別しているようだ。旧約聖書の「箴言」はこう教えている。「酒は不遜《ふそん》、強い酒は騒ぎ。酔う者が知恵を得ることはない。」(20章1節)。また「強い酒は没落した者に、酒は苦い思いを抱く者に与えよ。」(31章6節)。この「強い酒」とは、穀粒をベースとする蒸留酒だったのだろうか。それについて聖書はなにも語っていない。

蒸留の本質の大まかな概念は、古代ギリシア人に知られていたようだ。アリストテレスの『気象論』(紀元前350年)にはこういう観察がある。

海水が蒸発すると飲める水が生じるとしても、その蒸発物がふたたび凝結することによって海水となるのではない。われわれはこのことを経験にもとづいて主張するだろう。すなわち、同じことがほかの場合にも起こるのである。じっさい、酒やその他すべての味のある液体は、蒸発したのちにふたたび集まって液体になるが、それらは水になるのである。なぜなら、それらが持つ性質は水以外のものが水と混合することによってできたのであるが、どのような味を作るかは混合されたものがなににであるかによってきまるからである。(『アリストテレス全集5』岩波書店、67頁、泉治典訳)

現存する歴史的証拠に関するもっとも権威ある評論であるR・J・フォーブスの『蒸留技術小史 *A Short History of the Art of Distillation*』(1970年)は、アレキサンドリアのエジプト人化学者が紀元1世紀かその少し後には蒸留をやり遂げていたと示唆している。「ユダヤ婦人マリア」(3世紀の錬金術師)の文献その他は、これら初期の科学者の液体と薬物の巧みな操作を記述している。加熱、粉砕、混合、濾過。それらの表現によれば、彼らは蒸留に必要とされる技術を持っていた。球根状の液体容器(ヒョウタン the cucurbit)は液体を沸かすためのもので、だんだん細くなって曲がる首(ランビキ the alembic)が付いていて、これで蒸気を凝縮させて液体にし、それが容器(レシービング・フラスコ the receiving flask)

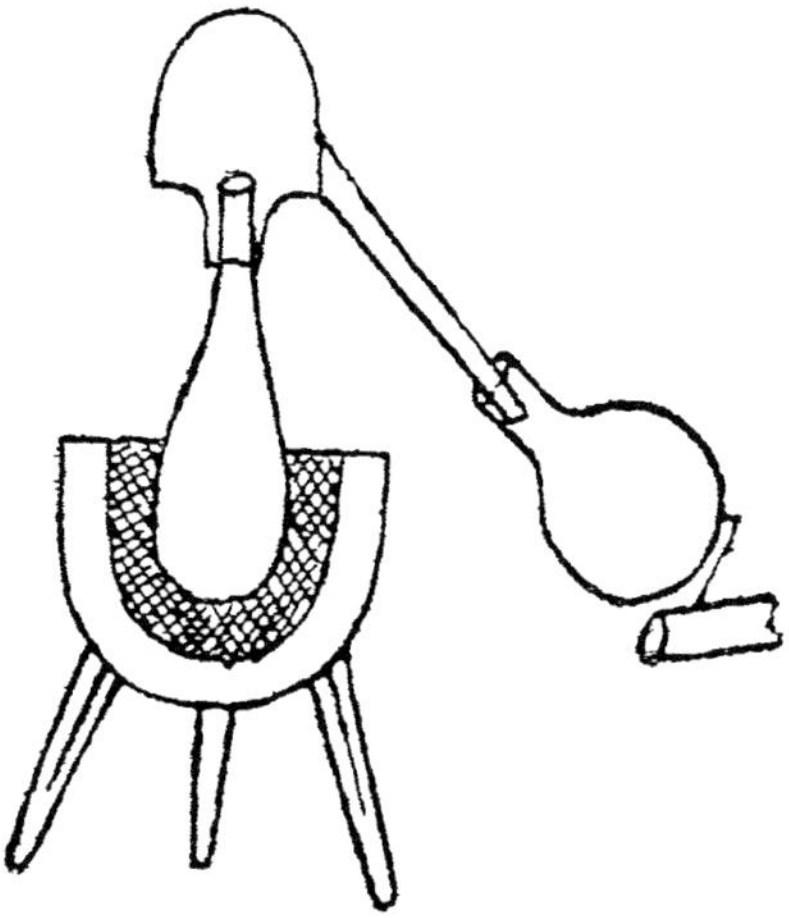

古代アレキサンドリアのヒョウタン瓶とランビキ

にしたたるようになっていた。ここで注意しておきたいのは、エジプト人がガラスの液体容器を型に入れてつくり始めていたのは紀元前1500年にさかのぼり、紀元1世紀までにはガラス容器を吹いてつくり始めていたということだ。

その後、アラブ人が成分の分離と精製の技術としての蒸留に着目し、その技術を大いに活用して商売を行なうようになった。あるアラビア語の文献には、貴重な商品として人気の食品添加物（ローズウォーターなど）、精油（エッセンシャルオイル）、香水を蒸留するためのレシピや技術の記述がある。

次の千年紀に、蒸留の知識と初期錬金術の操作法はゆっくりと北東および北西方向へ移動していった。その過程で技術は改良され、薬草を使った薬の製造などにも応用されるようになった。フォーブスによれば、おそらく商人をはじめとする旅行者がこの知識をアレキサンドリアから北アフリカ、さらにはスペインへ、またダマスカスからコンスタンチノープル（現在のイスタンブール）へ、そして東ヨーロッパと中央ヨーロッパへ運んだのだ。12世紀までに、ヨーロッパ人はアラビアの化学など、科学論文のラテン語訳をつくるようになっていた。イギリスのアラビア研究家ロバート・オブ・チェスターを例に取れば、彼はスペインに滞在して『錬金術の構成 *The Book of the Composition of Alchemy*』を1144年に翻訳した。その後イギリスに帰ったので、自分の知識を他の人々と分け合ったであろうことが推測される。

前もって醱酵させた液体を蒸留することが最初に試みられたのがいつなのかは、誰にもわからない。アリストテレスはワインの気化と凝縮について書いた。エドワード・ギボンの『ローマ帝国衰亡史』（1776～89年）には「酒（liquor）」に言及した部分が2箇所ある。それは5世紀にタタール人が馬乳から酒をつくった話と、フン族の村人が大麦から「カムース（Camus）」というウイスキーに似た蒸留酒（spirit）をつくっていたという話である。しかしながら、蒸留酒製造の確かな証拠は15世紀まで現れない。哲学者で聖職者でもあったアルベルトゥス・マグヌス（1193～1280）の論文にはブランデーのつくり方が登場するが、それは現代人の目を飛び出させるようなものである。

濃い、強い、そして古い黒ワイン1クォート［約1・14リットル］に生石灰（酸化カルシウム）、粉末硫黄、良質の酒石（酒石酸水素カリウム）、白い食塩のすべてを粉になるまで砕いてから投入し、ヒョウタン瓶とランビキ（蒸留器）の中で混ぜる。蒸留してアクア・アーデンス（強い水）を取り出し、ガラス容器に保管すべし。

イングランド人ロジャー・ベーコン（1214?～1294?）、フランシスコ会修道士ラモン・リュイ（1234?～1315?）、ルペッシサのヨハネス（?～1366?）は、蒸留酒が化膿を治し、寿命を延ばす力について書き、一方フィレンツェの医師タッデオ・アルデロッティ（1223～1295?）などはワインから純粋アルコールを抽出する方法の改良を考案した。医師アルナルドゥス・デ・ヴィラ・ノヴァ（1235?～1311）は、蒸留酒の「ある力」を発見した――「それはある者を過剰な感情の爆発へ突き動かし、ある者を旺盛な精力と創造的な法悦に導く。生命の水である」。

同じように、ラファエル・ホリンシェッドの『イングランド、スコットランド、アイルランドの年代記 *Chronicles of England, Scotland, and Ireland*』（1577年）の中で、アイルランドの錬金術師・詩人・著述家のリチャード・スタニハースト（1547～1618）も、ウイスキーがすばらしい治療薬だと主張している。「節度をもって摂取すれば、それは老化を遅くさせる。若さを強める。粘液を取り除く。憂鬱をなくす。心を楽しませる。気持ちを明るくする。精神を活発にする」。これでもまだ十分ではないかのように、スタニハーストはさらにこう主張する。ウイスキーは水腫《すいしゅ》［身体の組織のすきまや体腔中に組織液、リンパ液が多量にたまっている状態］を治し、腎臓結石を防ぎ、筋肉痙攣を引き起こす小腸のガスを排出し、胃のむかつきを抑え、循環系統の流れを良くし、骨を頑丈にする。「きちんと服用すれば、まことに至上の酒である」

ウイスキー製造のもっとも早い、しかも反駁の余地のない証拠は１４９４年のものである。この年のスコットランド財務府記録にはこのように記されている。「８ボルのモルトを托鉢修道士ジョン・コーに。それによってアクアヴィテをつくらせる」。注目すべきは、その量である。「８ボルのモルト」とは大量のモルトであって、約５０７キロ（１１１８ポンド）にもなり、アルコール度数にもよるが、おそらく１９０リットル（50米ガロン）の酒をつくれるほどの量である。

この記録以後、蒸留酒製造に使われる穀粒への言及が財務府記録と財務府長官報告に頻繁に現れるようになる。もちろん、１４９４年以前にウイスキーが製造されたというのもまったくありうることである。それはたぶん、アイルランドかスペインで、あるいはまた、ギボンが主張したように東ヨーロッパの荒野であったかもしれない。だがスコットランドをひいきする人は、托鉢修道士ジョンの１４９４年の記事が、知られている限りもっとも早い言及であることに誇りを持ってもよさそうだ（今のところは）。

錬金術と医術を道楽にしていた国王（ジェームズ４世）がエディンバラ理髪・外科医組合にウイスキーの独占製造権を１５０６年に与えていることから見て、スコットランドの学識ある人々の間では、その頃にはすでにウイスキーは敬意を払って取り扱うべきものとされていたことがわかる。

この政府の行動はふたつの意味で興味深い。第一に、ジェームズ国王がウイスキーを治療薬とみなしていたと思われること。ウイスキーおよび蒸留酒一般を気晴らしのために飲むも

16世紀前半のヨーロッパのスチル

16世紀後半のヨーロッパのスチル

のというより薬と考えるのは、当時の教養ある人々に共通することだった。この、ウイスキーを薬とする見方は、20世紀まで生きのびることになる（第5章を参照）。

第二に、この認可には事実上、誰がウイスキーをつくってよく、誰がいけないかを決める権限は政府が持っていると明言する意味があったことだ。ここでは、エディンバラ理髪・外科医組合の学識ある人々が「気前のいい贈り物をほどこす立場」なのであり、この街の下層民が自分のウイスキーをつくるのは悪だということになったのである。

◉「昔の日々」のウイスキー

ウイスキー・メーカーとその広告会社は、きまって彼らのウイスキーの伝統を誇ろうとする。1世紀、2世紀、場合によっては3世紀もの間、同じ方法でつくり続けてきたと主張するのである。広告では、伝統を受け継ぐ老人たちの節くれだった手が、門外不出のレシピの通りにウイスキーを蒸留する様子を描く。少し前のウイスキー試飲会で会った、ある有名なウイスキー会社の営業マンも、わが社のウイスキーは１５０年前と同じ味ですとまじめくさった顔で断言していた。

これらの主張のほとんどは意味がない。今日のウイスキーと19世紀以前にウイスキーと呼

18世紀のアランビック（ランビキ）・スチル。ペンシルベニア州ランカスター。

ばれていたものはかなり違う飲み物であるからだ。過去百年と四半世紀にわたって、政府は法律や条例を制定してウイスキーに欠かせない属性を定義し、ウイスキー製造に用いてよい原料や、どんな樽にどのくらいの期間貯蔵しなければならないかの基準を定めてきた。それ以前の（ウイスキーの広告で賛美されるような）「昔の日々」では、規則などほとんどなかったし、それを守る人はもっといなかった。マッシュの中になにが投げ込まれているのか、消費者はなにも知らなかったのである。ジャガイモ、砂糖、オート麦、カブ……ウイスキー・メーカーはあらゆるものを使った。樽に貯蔵することもなかったし、もしあったとしても、手に入る樽であるならなんでもよかった。内側を焦がしてあろうがなかろうが、シェリー酒樽であろうがワイン樽であろうが、あるいは漬け魚の臭いがしみこんだものであろうとかまわなかった。だから当時「ウイスキー」と呼ばれていたものは、ジンなどの蒸留酒とあまり区別がつかないしろものであり、ハチミツやタイム、アニス、ミントなどのハーブで味付けされていたのである。

初期のウイスキーの歴史がよくわからない理由は、ウイスキーをつくるとはどういうことだったのかという当時の人々の認識に負うところが大きい。ウイスキーは大衆の消費のために売り出された商品ではなかった。残された証拠から推測すると、それは修道士や錬金術師によってつくられたもので、はじめは薬とみなされていた。もちろん、都市の外に住む素朴

16世紀後半のヨーロッパのスチルに似た18世紀の炉火とケトル・スチルの再現

で（しばしば）無学な農民がウイスキーをつくったということは十分ありうる。そして実際につくったかもしれない。しかし彼らはその業績を記録に残そうとは思わなかった、と考えることは不自然ではない。そんな必要がどこにあったろう？

これまで述べてきたように、政府がウイスキー製造ビジネスに鼻を突っ込み出してからようやく、ウイスキー製造に関する記録文書が現れ始めた。以下の各章で明らかになるが、ジェームズ4世によるウイスキー独占製造認可は、ウイスキー製造の自由をめぐる、政府と個人の長い戦いの初期の一撃だったのである。

第3章◉スコットランドのウイスキー

スコットランドのウイスキーの物語は、総じて幸福である。

最初にウイスキーをつくったのはスコットランド人であると思われる。アイルランド人が生産量ですぐにスコットランド人を凌駕したものの、19世紀半ばにはスコットランドのほうが上り調子になっていた。禁酒運動や経済不況、世界戦争にもかかわらず、スコッチ・ウイスキーはその幅広い味と種類で世界中の好評を得て、愛されることになる。

◉初期の歴史

第2章で見たように、スコットランド人は1490年代までに酒の蒸留を始めている。

その後ジェームズ4世国王がエディンバラにウイスキー製造の独占権を認め、1579年までにはデンプン質の植物を蒸留して酒にすることが広がった。スコットランド政府は、ウイスキー製造が国の穀物を使いすぎて飢饉を引き起こすのではないかと心配した。そこで当局は一時的に生産の上限を定め、貴族と紳士階級以外にウイスキー製造を禁じ、彼らでさえ自分で消費する分しか製造してはいけないことにした。しかしウイスキー製造は広がり、1644年になると、スコットランド議会はウイスキーが富を生み出すのを見て課税を始めた。

ウイスキー製造は、まず都市中心部の知識人の間で始まって外側へ広がっていったのか、あるいはその逆なのかはわかっていない。いずれにせよ、スチル（蒸留器）はスコットランド文明のふたつの中心地、エディンバラおよびグラスゴーと、へんぴな北の島（オークニー）と西の島（アイラ）の農地や村落で稼働していた。『スコットランド西方諸島案内 *A Description of the Western Islands of Scotland*』（1695年）の著者マーティン・マーティンは、彼が出くわしたものに驚いてこう書いている。

> トウモロコシが非常に豊富で、地元民は数種類の酒を製造している。よくあるウスケバウ（Usquebaugh）と、もうひとつはトゥレスタリグ（trestarig）と呼ばれる酒、すなわ

ちアク・ヴィテ（Acqu-vitae）で、3回蒸留され、アルコール度数が強くて辛い。別の酒は4回蒸留され、地元民にウスケバウ・バウルと呼ばれる……最初の一口で体の全体に回るので、この最強の酒の量はスプーン2杯で十分である。そしてそれ以上に飲んだ者は、やがて呼吸が止まり、命の危険にさらされる。

●ウイスキーとイングランドの支配

スコッチ・ウイスキーの物語が幸福であるのは、さまざまな理由がある。スコットランド人の質素さや決断力、地勢（肥沃な土地、豊富なピート、多くの良質な水源など）、それにスコットランドが早期に資本主義を受け入れたことである。

ひとつ軽視されているのは、スコットランドとイングランドの関係だ。スコットランド人とイングランド人は、2世紀をかけて政治的経済的に協力することを学んだ。このことが、スコットランド人に数世紀を越えて成長するウイスキー産業の開発を可能にさせたのだ（対照的なアイルランドのウイスキーについては第4章で紹介する）

スコットランドとアイルランドの本格的な協力関係は早くも1603年、両国が同じ国王を戴いたときに始まった。1707年には両国の議会が統合され、スコットランド議会はウェストミンスター（イングランド議会）内の代表団に吸収されて、両国経済は正式に統合された。この協定により、両国で製造される蒸留酒への課税額が一本化された。

ただし、スコットランド人とイングランド人の政治的協力関係を過大に評価するべきではないという意見は正しく、両国間の反目が消えたわけではなかった。

スコットランドのローランド（南部）は、ハイランド（北部）よりもイギリス国王の統治に融和的だった。ローランドはプロテスタントで、どちらかといえば都市化が進んでいたのに対し、ハイランドの多くはカトリックで、氏族を基本とした生活を田園地帯で送っていたのである。ある作者不明の詩の断片にはこう書かれている。

おお、ツイードの北の向こうにはなにが棲んでる？
怪物だ、そして毛むくじゃらの山人歩いてる！
それに死人を起こす音楽鳴ってる！
そんなとこへわざわざ行くなんて危ないよー！
不気味なハギスが雪を汚すし
水の精がおまえの骨をかじろうと待ってるし
食べものは生のオートミールしかないし

18世紀後半のロンドンの物売り。「シルリー（棍棒）、バラッド（民謡）、ベッドフォードシャー・テイル（発芽大麦の若枝）、そしてチェリー・バウンスと同じくらいうまいスコッチ・ウイスキー」を売っている。

だけどそれでも、ウイスキーがあるとよー！

イングランド人とスコットランド人は何度も衝突したが、もっとも有名な衝突は１７４５年に始まったものであろう。「小僭王」チャールズ・エドワード・スチュアート（１７２０～88）が、王位を奪還する望みをかけてハイランド蜂起を率い、無情な結末を迎えた。スチュアート側の兵隊の多くは翌年のカロデンの戦いで殺戮され、ウェストミンスターの政府はその後、スコットランド人による武器の所有と、キルト［スコットランドの伝統衣装。タータン柄のスカート］や「ハイランド衣装」の着用を禁じた（これらの禁制は１７８２年には撤廃された）。

ウイスキー税は両国関係の悩みのたねだった。議会が最初に蒸留酒に課税することを決定した１６４３年以来、イングランドは戦争になると決まってスコットランドでつくられるウイスキーに資金を求めたのである。モルトに、スチルに、スチルから流れ出す蒸留液に、と課税が重ねられた［その結果、スコットランド人の反イングランド感情はさらに高まり、密造酒の増大という事態も招いた］。1781年、議会は私的な蒸留を禁じ、税務署はスチルなどウイスキーの製造、運搬に使用される品目はなんにせよ押収することを許された（これには馬と馬車まで含まれた）。

やがてロンドンの政府は、ウイスキー税の高額化という路線の誤りにようやく気がつく。1816年、議会はスモール・スチル法を通過させ、ウイスキー税を減免した。続く数十年にわたって、合法的に製造されるウイスキーの税をさらに減らす法律改正が行なわれる一方、不法ウイスキーの製造と消費にかかる罰金は引き上げられた。

しかし政府は、蒸留業者をあまり信頼しようとはしなかった。許可証を得た各蒸留所は収税吏が駐在する場所を用意することを求められ、この収税吏が蒸留業者の払うべき税額を決定するのだった。収税吏はスチルに入れられるウォッシュと最終的に製造される蒸留液を量《はか》り、蒸留所への課税票を書いた。また、議会は蒸留液検度器の使用を指示した（これはガラスと真鍮でできた箱で、収税吏が計量する前に蒸留業者がスチルからウイスキーを脇へ取り出して課税をかわすことのないようにするためのものだ）。

ブルイックラディ蒸留所の蒸留液検度器。スコットランドのアイラ島。

◉ごまかしと取り締まり

アダム・スミスは『国富論』で、政府の政策の多くが抱える問題を「本来罪でないことを罪にしてしまった」と見抜いていた。たいていの人は、穀物から酒をつくることは個人の自由だと思っていたから、農民たちが「ウイスキーに罪はない」と言い始めたのは無理もないところがある。その上、制定された政策の多くは「酒づくりへの意欲」という問題を無視していた。スミスが指摘した通り、蒸留業者に課税すればするほど、非合法に蒸留しようという気になるものである。

当局はもともと、人々に「払え」と命じる法律を通し、違反した場合は重税を

スコッチ・ウイスキーのスチルと隠れ小屋。1914年頃。

課すことで蒸留業をコントロールできるという信念にとらわれてきたようだ。初めは人々が従うものと想定していたが、スコットランド人が法律を軽んじると、武装した政府係官、恐るべき収税吏たちが檻から放たれた。皮肉なことに、税収を増やすために編み出された法律は、合法ウイスキーの生産の急落と非合法ウイスキーの急増という事態をまねき、税収は低下した。エディンバラにはスチルがおよそ400あったが、巧妙に収税吏の目から隠された――橋の下、家の床下（蒸気と煙はパイプでつないだ煙突から逃がした）、そして町の時計台にさえ。樽や壺は庭に埋められ、森に隠され、お棺に入れてこっそり運び出された。言い伝えによると、グロスタシャー州オールドベリーの農民たちは、非合法ウイスキーを「羊洗液（sheep dip）」と書いた樽に入れて政府の役人から隠したという。この液体は羊に虫や菌類がつかないように使われる有毒薬品だった。今日でも「Sheep Dip」というぎょっとするラベルの貼られた瓶が世界の高級ウイスキー店で見られることがあるのは、このような事情による。

愚かにも、当局は蒸留設備を引き渡した者に現金の褒美を与えることで非合法生産を減らそうとした。ウイスキー・メーカーの中にはこの政策をちゃっかり利用した者がいた。使い古しのスチルを供出し、その分の褒賞金を新しいスチルの材料費に使ったのである。

非合法ウイスキーについての議論をするなら、それを市場に運ぶ人の話もしなければならない。スマグラー（密輸業者）のことである。多くの本が密輸の問題を軽く扱ってきたが、実際のスマグラーの暮らしぶりは醜悪そのものだ。収税吏として働いたイアン・マクドナルドは、19世紀末のハイランドにおける密輸についてこう書いている。「私は自分の地区のスマグラーたちを直接に知っている。わずかな例外はあるものの、彼らはもっとも貧しい人々である」。スマグラーは家の修理も農地の手入れもろくにしない。彼らは夜の仕事で疲れてしまい、日中を寝て過ごすからだ。こんな暮らし方はウイスキーの飲みすぎとあいまって彼らを駄目にする、とマクドナルドは断言する。『ハイランドにおける密輸 *Smuggling in the Highlands*』（1914年）では「次第に彼らの人間性はむしばまれ、恥の感覚が鈍り、暴力的な法律破り、恥知らずの詐欺師になる」とも書いている。スマグラーは職務を果たしているにすぎない収税吏を頻繁に襲い、殺した。英雄的とはとても言えない行動である。

対立することが多かったとはいえ、収税吏と蒸留業者は、お互いに居心地のよい利害の一致を見出すこともあった。収税吏がスチルから必要以上のウイスキーを取るのを、蒸留業者は見て見ぬふりをしたりした。そのお返しに、収税吏は課税対象の蒸留液の生産量を実際より低く記録した。

もちろん、両者とも、お互いの生活を非常に難しいものにすることができた。収税吏は蒸留業者に関して意地の悪い公式報告を書くこともあった。蒸留業者は収税吏に意地悪のお返しをした。収税吏は蒸留工程が始まるときに現場に立ち会わなければならない決まりだったので、蒸留業者はわざわざ午前3時に蒸留器に点火して彼らをベッドから引きずり出したりしたのだ。

しかし時が経つとともに、政府は課税と法の執行に関する取り組み方を考え直し、当局とウイスキー・メーカーの関係は改善された。ウイスキー・メーカーが非合法なことをやめて合法的な商売をするよう促進する新政策がとられた。ウイスキーの合法的製造を、非合法的製造よりもずっと魅力あるものにする刺激を与えたのである。その上に政府はまた、ウイスキーを樽で貯蔵するというようなすぐれた製造法を指示することによって、すべてのスコッチ・メーカーが製品の質を向上させるよう援助した。これはウィン－ウィン（お互いに利益がある）の関係で、蒸留業者は合法的な銘柄を市場に出し、政府は税収入という分け前を得、酒飲みは上質のスコッチを正当な値段で入手できるわけだった。

こうして、収税吏とスマグラーとのものものしい衝突は少なくなり、非合法スチルの差し押さえも減った。実り多い協力関係が花開いたのである。そして１９８３年、収税吏の蒸留所立ち会いは終了した。また、計量作業とその結果を税務署に報告する仕事は蒸留所経営者に委ねられることになった。今日では、蒸留液検度器は過去の遺物であり、設置する義務もなくなった。手短に言うと、不法行為が減って信頼が築き上げられ、警察官と容疑者の関係が外部監査役と製造者の関係に変わったのである。

◉大英帝国とスコッチ・ウイスキー・ブーム

19世紀に入ると、スコットランドとイングランドの関係はより協力的になっていった。イングランドの上流階級の中には、定期的にスコットランドで休暇を過ごすものもいた。もっとも有名なのは、ヴィクトリア女王とアルバート公が１８４８年からハイランドのバルモラル城で夏休みを過ごし始めたことである。彼らは地元風の生活を楽しんだ。タータンチェックの服を着たり、近くのロッホナガー蒸留所からウイスキーの樽を取り寄せたりした。女王が王室御用達《ごようたし》の許可証を蒸留所長のジョン・ベッグに与えてからは、ここは「ロイヤル・ロッホナガー」という名前になった（女王はこのような離宮をアイルランドに設けたことはない）。

大英帝国が世界に領域を広げていく動きにスコッチ・ウイスキーもついていき、同時に多くのバリエーションが生まれた。とくにブレンデッド・モルトのウイスキーが海の彼方のバハマ、エジプト、インド、オーストラリア、ニュージーランドや南アフリカなどに船で出荷されることが増えるにつれ、生産量も大いに伸びた。急速に拡大し工業化するアメリカでは、アメリカ独自の活発なウイスキー産業があったにもかかわらず、愛飲家は少しスモーキーなウイスキーも好み始めた。

しかし、20世紀前半のスコッチ・ウイスキー産業はまたも厳しい事態に直面する。ロイド・ジョージ［イギリスの元首相。禁酒運動で有名］の強硬な政策、第一次世界大戦、大恐慌、第二次世界大戦、それに続く配給制――これらが多くのウイスキー・メーカーに大打撃を与えた。最悪の時期は１９４３年だったろう。スコッチ・ウイスキーの製造がまったく止まってしまったのである。

それでもスコットランドの蒸留所は生きのびた。連続式蒸留器を使い、製品を多様化させることでしのいだのだった。第一次世界大戦から第二次世界大戦にかけて、スコットランド

ハイランドの伝統衣装を着る王太子とアバディーン侯爵。後方にヨーク公とヘンリー王子。1920年頃。

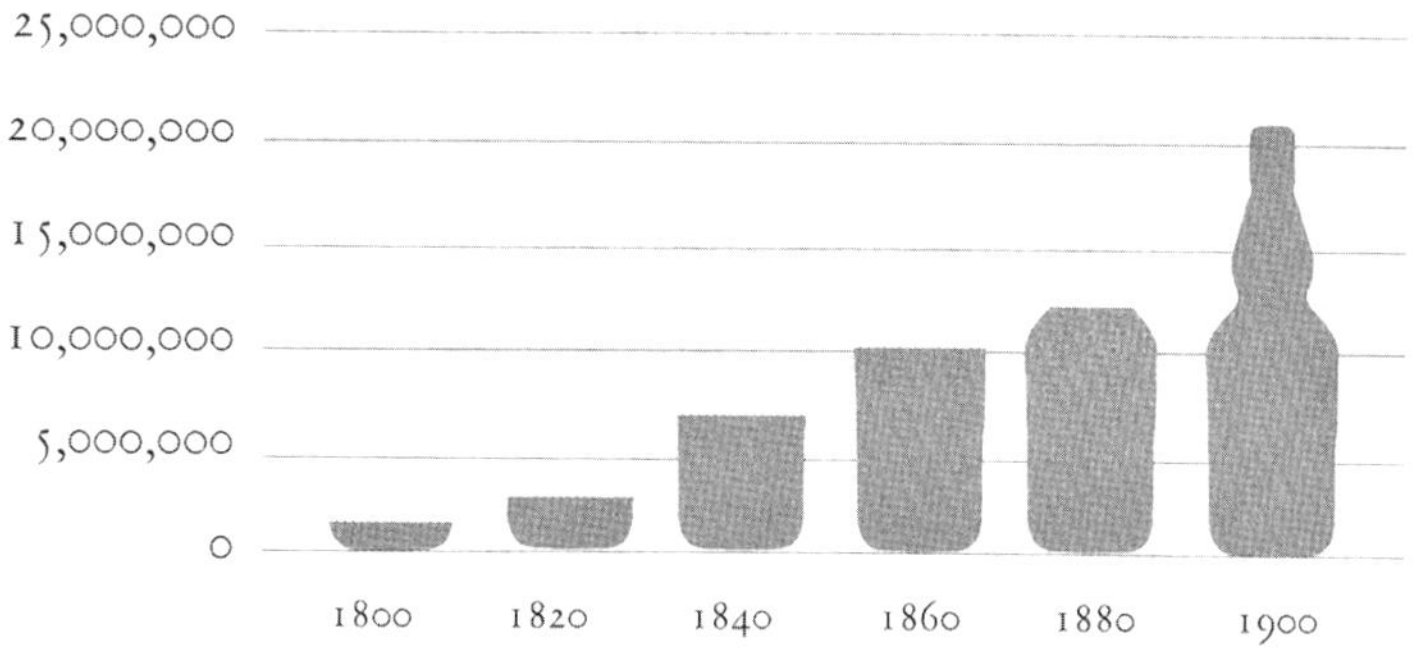

スコットランドで生産された蒸留液量（米ガロン）

の蒸留所は大量の工業用アルコールを軍事産業として製造している（アイルランドとイングランドの間には１９３０年代に「貿易戦争」があり、アイルランドは第二次大戦では中立を守った）。

それに加えて、スコットランド人は以前結んでいた海外との協定にも助けられた。枢軸国が制圧されて世界が平常のビジネスに戻り始めると、スコッチ・メーカーはウイスキーの製造を再開し、かつての、あるいは新しい取引先にどんどん出荷し始めた。日本は重要な新しいマーケットの典型だった。驚くべきことに、１９７０年代半ばまでに毎年７００万米ガロン（２６５０万リットル）のスコッチが日本に流れ込んだのである。

こうして、アイルランドのウイスキー産業が崩壊する――１８７５年には蒸留所は65あったが、１９７５年には３つにまで激減している――一方で、スコットランドのウイスキー工場は１１２から１２２へとむしろ増えている。

結局、スコッチの蒸留所は世界の需要が伸びるのに合わせて繰り返し工場を拡張した。輸出は、20世紀後半にかけて、１９５０年の６６０万米ガロン（２５００万リットル）から２０００年のおよそ６８００万ガロン（２億５７００万リットル）まで急上昇した。

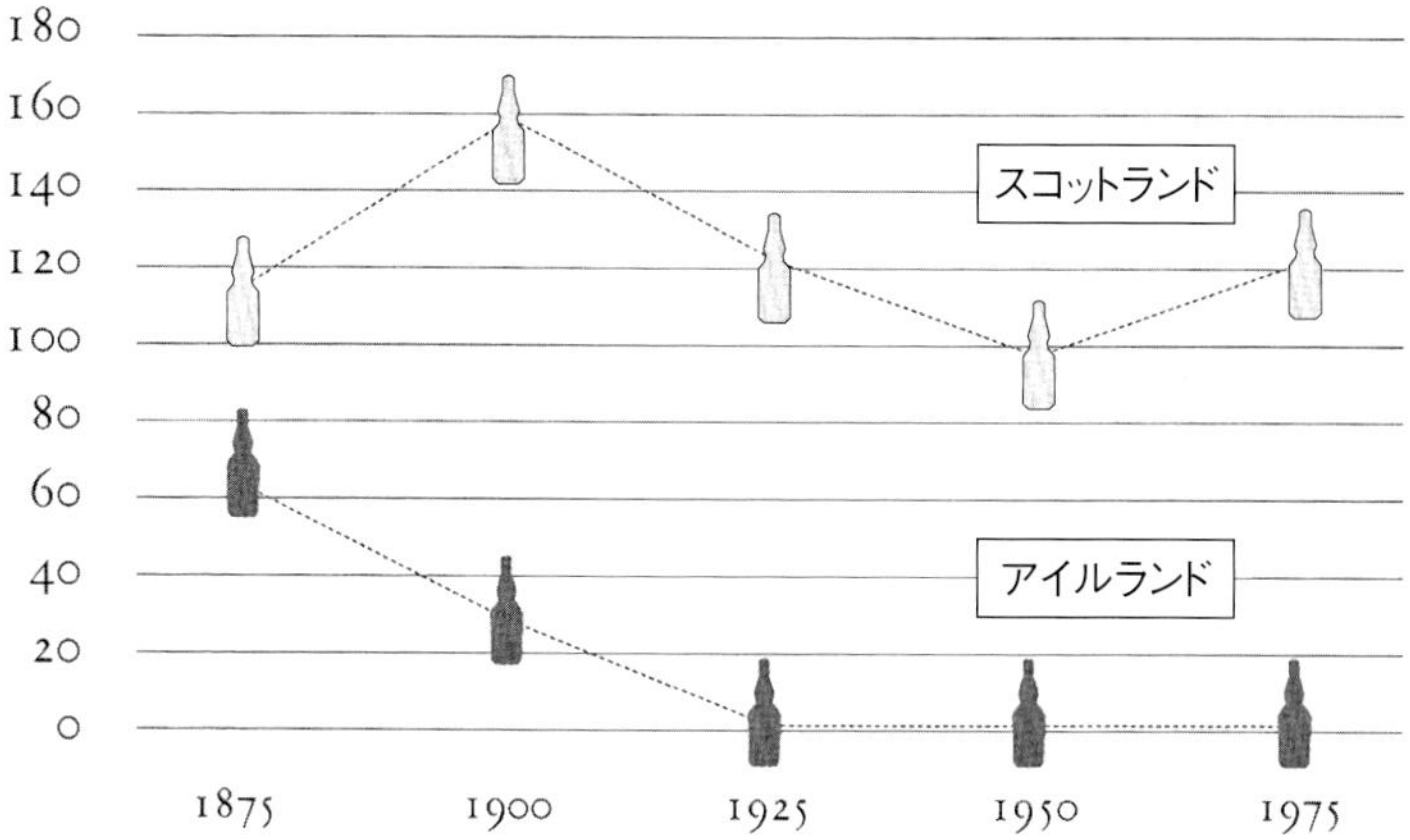

スコットランドとアイルランドで稼働する蒸留所の数

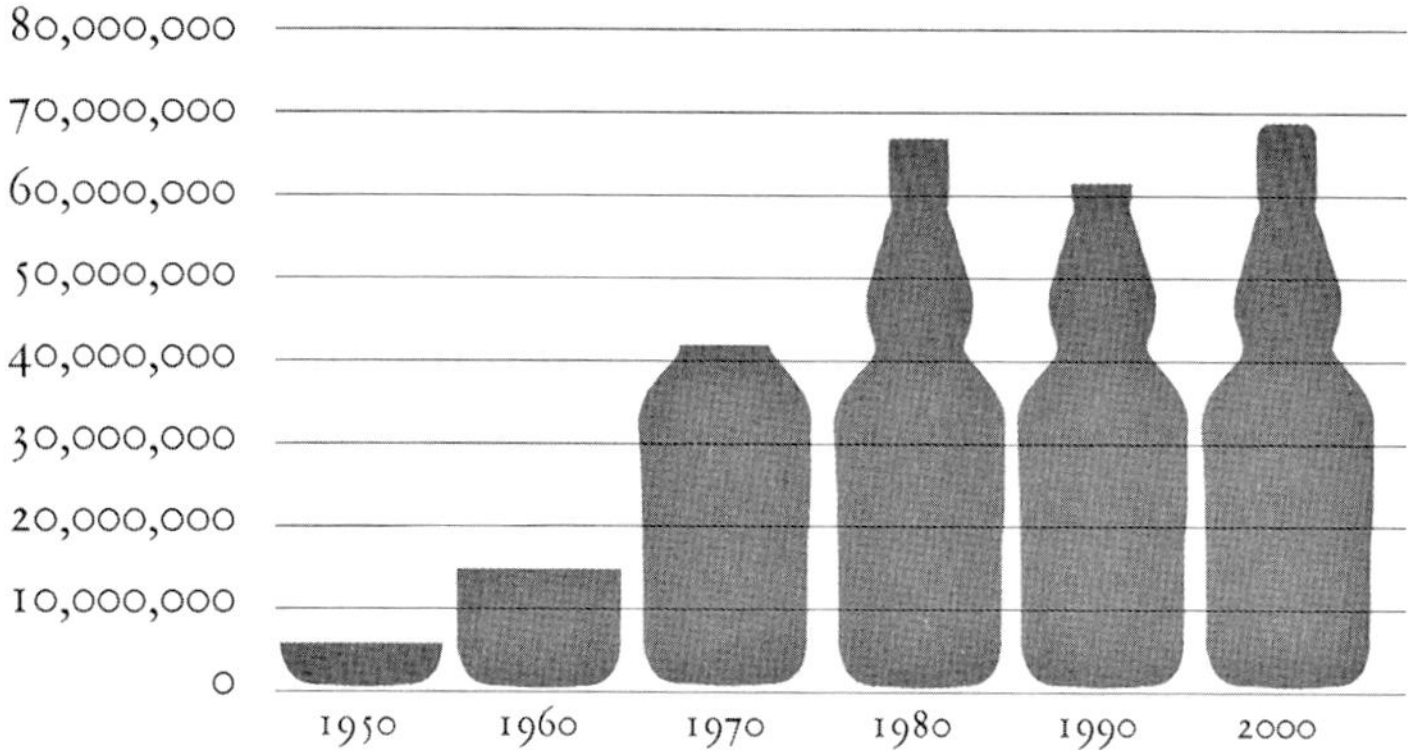

スコッチ・ウイスキーの輸出量（米ガロン）

◉スコッチと「スコットランドらしさ」

このような歴史があるとはいうものの、ウイスキーはスコットランド人によってつくられ、飲まれてきた多くのアルコール飲料のひとつにすぎなかった。おそらく、まずビールが飲まれ、次にブランデーとリキュールが来て、それからウイスキーだ。だが、ウイスキーこそスコットランドの酒であり、スコットランドを語るときには欠かせないものと言われるまでになった。

ひとつ言っておきたいのは、もし「虫」がいなかったら、スコッチはスコットランド文化の中での高い地位を与えられなかったかもしれないということである。19世紀後半に至るまで、イギリス（連合王国）を構成するすべての地域において金持ちにも貧しい人にも好んで飲まれていたものは、ブランデー（ワインを蒸留した酒）だった。そこへ母なる自然が介入した。ネアブラムシ——樹液を吸うハエのような虫が、1860年代にフランスのブドウ園を枯らし始めたのだ。ワイン生産量は激減、ブランデーの価格は急騰し、おいそれとは買えなくなった。しかし、スコッチはとてもお買い得で、簡単に入手できた。

飲み物と文化の融合は、ウイスキーを狙い撃ちした議会の政策に対する反乱に端を発している。政府がウイスキーに課税し、無許可の製造を違法と定めたとき、多くのスコットランド人は意固地になった。単なる飲み物だったものが「大義」になったのだ。
ロバート・バーンズ（1759〜1796）は、スコットランドのもっとも有名な初期のウイスキー広報係でロマン主義の詩人だった。

他の詩人どもに八釜《やかま》しく騒がせろ、
葡萄《ヴァイン》と葡萄酒《ワイン》と酔ひどれのバッカスに就いて、……
私はスコットランドの大麦が造る酒を歌はう、
洋盃《グラス》か壺《ジャッグ》で。
あゝお前、私の詩神《ミューズ》！　良き古きスコットランドの酒よ、……
私の舌もつれ眼じろぐまでに私に霊感を与へ、
お前の名前を歌はしてくれ！
（『バーンズ詩集』岩波文庫、中村為治訳、109〜110頁）

バーンズはウイスキーを政治化し、スコットランドのアイデンティティとナショナリズムと混ぜ合わせた。「スコットランド、わが鍾愛の母よ……自由とウイスキーは連れ立っていく、さあ汝のグラスを上げよ！」

著作家イーニアス・マクドナルド（別名ジョージ・マルコム・トンプソン、1899〜1996）は、同じようにスコッチに対するロマンティックな見方を1930年の古典的名著『ウイスキー *Whisky*』で示した。

ウイスキーの英雄時代が幕を開けた。まるでスチュアート家のプリンスのように首に賞金をかけられて山地に狩られたとき、忠実で勇敢な男たちが粗末な小屋に隠して守ったとき、禁じられ迫害された宗教の教義のように伝説が秘密のうちに生き残ったときに。

スコッチ・ウイスキーはスコットランドの重要な一部分であるという観念は、ウイスキー産業のマーケティングによってさらに高められた。イギリス政府は広告に対する課税を1853年にやめ、1860年には蒸留酒を瓶詰めにして売ることを認可した。スコットランド人はこれらの政策に乗じて、ウイスキーの宣伝販売に熱中し始めた。スコッチ・ウイスキーを紳士の飲み物、洗練された味覚の持ち主がたしなむものとして描き出した。スコッチ・ウイスキーの宣伝はスコットランドの生活の、戯画すれすれの理想像をも伝えた。キルトを着たスコットランド人が雄鹿を狩り、ゴルフやフライ・フィッシングを楽しみ、バグパイプを演奏するという具合だ。トミー・デュワー［世界的なスコッチ・ウイスキー・メーカー、

サンディ・マクドナルド・スコッチを飲む男性の戯画的な宣伝用写真。1910年代。

デュワーズ社創業者の次男」は1883年に自社のブレンデッド・ウイスキーのために、バグパイプ奏者がキルトとハイランド風の衣装を着ている姿の広告を出し始め、このイメージは今日でも踏襲されている。クラン・マクレガー、クラン・キャンベル、そしてタータンチェックのラベルのマクドゥガンというような名前のブランドがこのイメージを補強した。最初期の映画コマーシャルは、デュワーズの横断幕の前で4人のキルトを着た男たちが踊っているというものだった。

もちろん、広告がすべてこのようなものだったわけではない。スコッチを強壮剤として持ち上げるものもあった。カンバス・スコッチは「あなたを健康にし、頭脳にも肝臓にも悪影響のない」「健康的な覚醒剤」と自称した。ひどく馬鹿馬鹿しい宣伝も出てきた。パティソンズ社はオウムをバーに持ち込んで「パッティッソンズのウイスキーを飲もう！」とかん高い鳴き声をあげさせている。

20世紀に入ると、スコットランドを象徴するもののひとつであるスコッチ・ウイスキーのイメージに変化が見られるようになった。まじめで牧歌的なイメージ一辺倒ではなくなり、ユーモアと陽気さが加わったのだ。いつもなんとか一杯の酒にありつく、ずる賢いスコットランド人という古いイメージに訴える広告も出てきた。1949年の愉快な映画『ウイスキーがいっぱい！ *Whisky Galore!*』にはそんなスコットランド人が登場した。スコットランド沖で船が難破したあと、積荷のスコッチ5万ケースを近くの住民が当局の裏をかいてせしめるというもので、これは作家のつくり話などではなく、実話に基づいた物語だった。

一方、近年、ザ・キーパーズ・オブ・ザ・クエイヒ［ウイスキー業界の組織のひとつ］はスコッチとスコットランドらしさのつながりを保とうと努め、そこに少し「威厳」を加えようとしている。彼らはスコッチ・ウイスキーの高貴なルーツと社会的地位を誉めそやす（クエイヒは取っ手のついたボウルのように見えるスコットランドの酒杯）。この組織は1988年に設立されたが、そのスタイルはいかにも保守的だ。ブレア城（もちろんハイランドの）で晩餐会を催し、そこではキルトが着用され、バグパイプが吹き鳴らされる。伝統料理ハギ

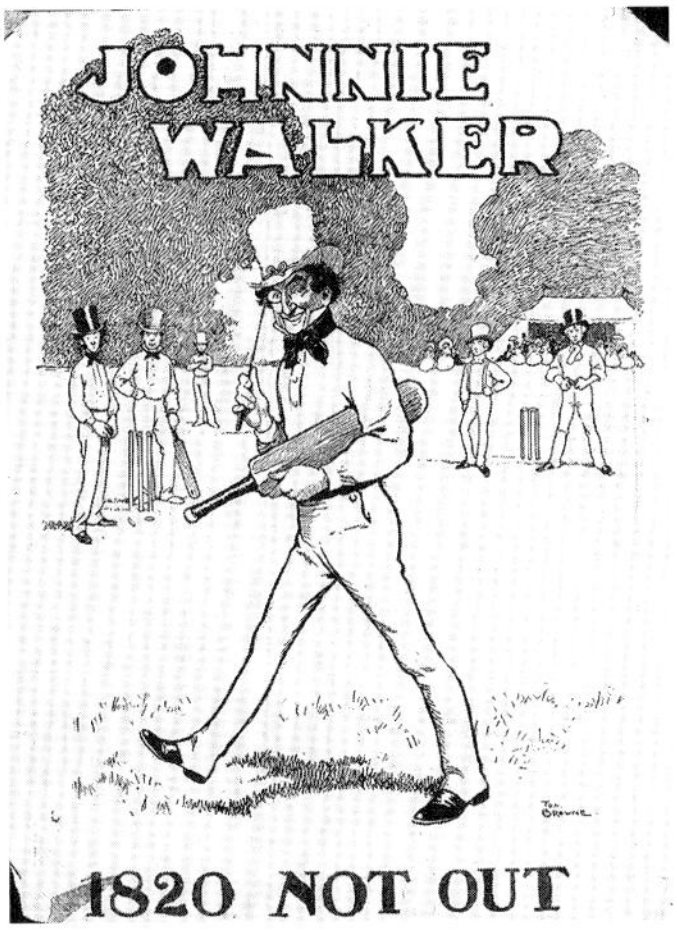

クリケットの試合で「大またに歩く男」を描いたジョニー・ウォーカー・ウイスキーの広告。1900年代。

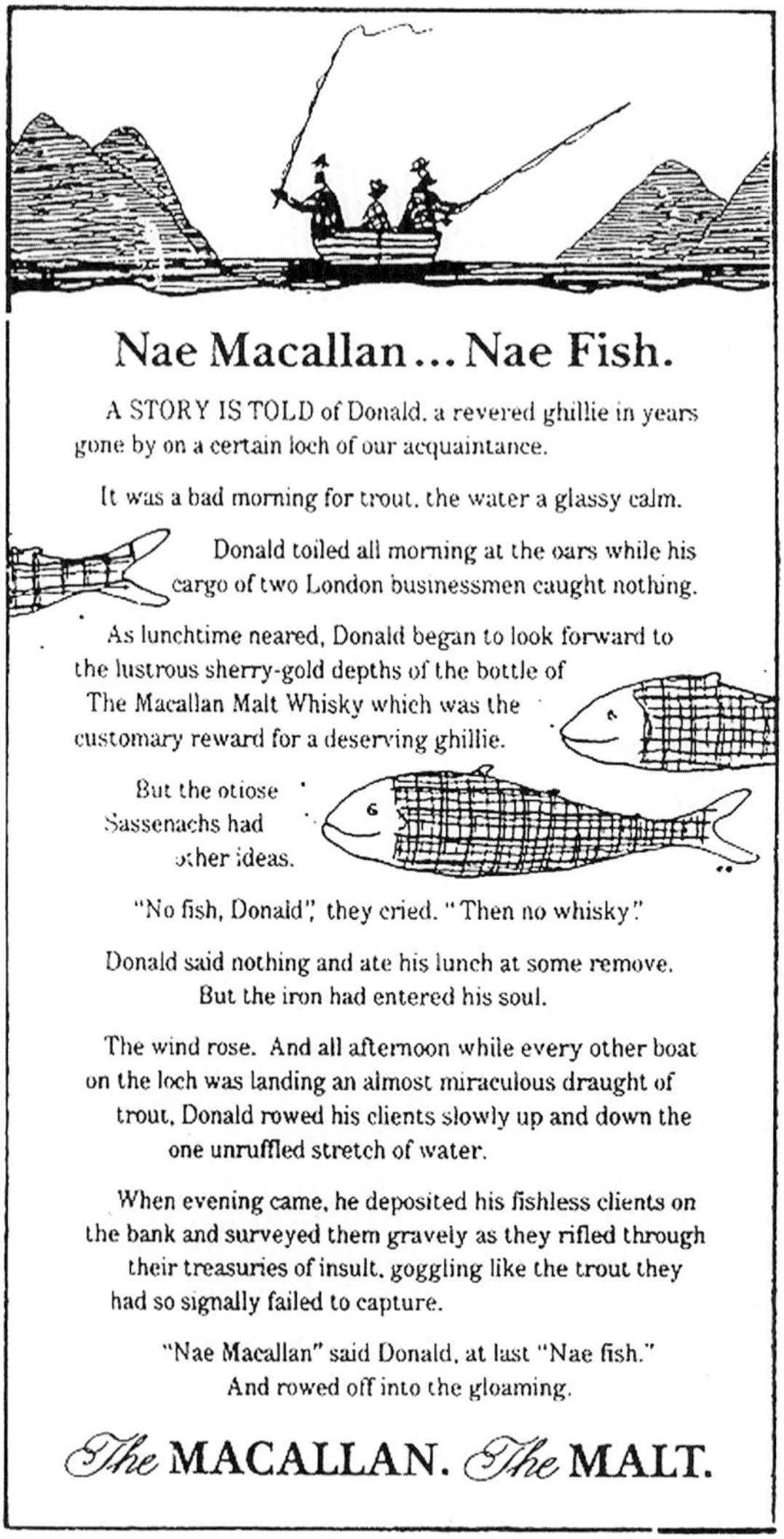

Nae Macallan... Nae Fish.
A STORY IS TOLD of Donald, a revered ghillie in years gone by on a certain loch of our acquaintance.
It was a bad morning for trout, the water a glassy calm.
Donald toiled all morning at the oars while his cargo of two London businessmen caught nothing.
As lunchtime neared, Donald began to look forward to the lustrous sherry-gold depths of the bottle of The Macallan Malt Whisky which was the customary reward for a deserving ghillie.
But the otiose Sassenachs had other ideas.
"No fish, Donald", they cried. "Then no whisky."
Donald said nothing and ate his lunch at some remove. But the iron had entered his soul.
The wind rose. And all afternoon while every other boat on the loch was landing an almost miraculous draught of trout, Donald rowed his clients slowly up and down the one unruffled stretch of water.
When evening came, he deposited his fishless clients on the bank and surveyed them gravely as they rifled through their treasuries of insult, goggling like the trout they had so signally failed to capture.
"Nae Macallan" said Donald, at last "Nae fish."
And rowed off into the gloaming.
The MACALLAN. The MALT.

ユーモラスなマッカランの広告。1980年代。

スを食べながら飲みほす酒は、もちろんスコッチだ。

◉アルコール中毒

もちろん、スコッチがスコットランドの生活に占める位置について、それほどめでたくない書き方もあった。トマス・クロスランドの『口には出せないスコットランド人 *The Unspeakable Scot*』（１９０２年）は、スコットランドの文化的劣等性、道徳的頽廃、全体的な「二流ぶり」を罵倒したことで悪名高い。クロスランドはある同時代人が「ヒステリックな反スコットランド主義者」と評したイングランド人だが、「スコットランドの犯罪率は高い」と声高に主張し、この国はアルコール依存症だと言い張った。そして「スコットランドは世界にあまたある国々の中でも、どの国にも増して酔っ払いの国になりさがった」とうそぶいた。

朝食にウイスキー、昼食にウイスキー、夕食にウイスキー、友人と会うときにウイスキー、どんなビジネス・ミーティングにもウイスキー、教会へ行く前にウイスキー、終わったらウイスキー……元気だからウイスキー、病気だからウイスキー、生まれてすぐにウイスキー、死に際にウイスキー——これがスコットランドだ。

クロスランドは典型的なスコットランド人を、ウイスキーで舞い上がった気分から「陰気な」シラフの状態に粗暴に揺れ動くものとして描き出す。「彼と話しても不平そうなうめき声が返ってくるだけだ。彼はにこりともしない……浮かない顔に失礼な言葉づかい、頭は鈍いとくる」

後に、それほど過激ではない作家、ジョージ・ダグラス・ブラウン、ジョン・マクドゥガル・ヘイなども、スコッチ・ウイスキーを飲むことの醜い欠点を描く作品を書いた。犯罪、冷酷な暴力、そしてアルコール中毒による人格の崩壊である。

このように書かれたことは、単に著者の創作ではなかった。低価格の蒸留酒がふんだんに売られている土地でアルコール中毒になる人が多いのは確かである。ちょうどイングランドが、非常に安いジンが都市地域に流入したときに被害を受けたように、スコットランドもウイスキーに屈服したのだ。

1830年代には、15歳以上のスコットランド人は週に約1パイント［約570ミリリットル（英パイント）］の合法ウイスキーを飲み、それに加えて不法ウイスキーやその他のアルコール飲料にまで手を出していた。ウイスキーはスコットランド各地の日常生活に欠かせないものになった。あらゆる機会にウイスキーの小さな杯が上げられた。結婚式？　飲もう！　赤ん坊が生まれた？　飲もう！　誰かが死んだ？　飲もう！

ウイスキーの飲み方は劇的に変わった。もともとスコットランドの田園地帯では、パブが数軒しかないところが多かった（たとえばシェトランドでは、住民1000人に対してパブが1軒の割合だった）。だから田舎ではウイスキーとは自宅で飲むものであり、いきおい1日中少しずつ飲むことになる。夜明けに一杯、仕事の休憩中に一杯、そして夕暮れにまたちょっと。

しかし人口が密集している都会では話が違った。たとえばグラスゴーでは、住民130人あたりに1軒のパブがあった（この数字には、安くて強烈で、「キル・ミー・デッドリー（思いっきり殺せ）」とも呼ばれたウイスキーを出すもぐり酒場は含まれていない）。都会の劣悪な環境とマチスモ［男らしさを誇示する態度］が大酒飲みたちをあおった。小売商店では「ドリンク・ファンド（酒飲み基金）」などという実に珍妙な基金が設立され、労働者は良いことが起ころうが悪いことが起ころうが、収入の10分の1を積み立てた。賃上げをかちとった？　ドリンク・ファンドに積み立てろ！　火の番をしていたのに消えてしまった？　ドリンク・ファンドに積み立てろ！　集まった金が多額になると、労働者たちはどんちゃん騒ぎをし、一晩のウイスキーにすべて使い果たした。漁業の町と鉱山町がことにウイスキー浸りだった。ジョージ・ベルという18世紀中頃の反アルコール主義者は、貧民街で見たことに非難の声をあげた。「歯が生えていない乳児からもう歯なんかなくなった老人まで、ここの連中の飲み物といえば……ウイスキーだ。土曜の夜から日曜の朝までオールナイトで演じられる酔っ払いのドラマは、筆舌につくしがたい。恐るべき情景である」

スコッチ・ウイスキーの生産量は19世紀の間にロケットのように急上昇した。けれども幸いなことに、スコットランド人のウイスキー消費量はその間はっきりと減少した。1900年までに、スコットランドの平均的成人が1週間に飲むウイスキーは半パイント［およそ280ミリリットル］をわずかに超える程度になっていた。1940年になると、飲酒量は週に2、3杯にまで減った。

なぜか？　これはなかなかの難問だ。スポーツなどの娯楽が発達して、酒以外のことに時間を使うようになったのではないかとも言われてきた。禁酒協会は19世紀初めの30年間に次々に結成され、おそらく少なくとも何人かを酒浸りへの道からそらせることに成功した。明らかに、ライフスタイルの大きな転換があった。ひどく酔っ払ってめちゃくちゃな夜を過ごすのは知的な行為ではなく、下層階級のすることだと見られるようになったのだ（この転換はアイルランドとアメリカでも起きた）。

それに加えて、政府の行動も大きな成果をあげた。1853年の「フォーブス＝マッケンジー法」はパブの営業時間を大幅に制限した。1855年の変性（工業用）アルコール法は、もぐり酒場や酒を出す非合法のダンスクラブを簡単に根こそぎにできる内容だった。

徐々にだが確実に、ウイスキーを購入できる時間と、飲む場所を政府は減らしていったのだ。こうした政策と、当時、酒税額が徐々に増えていったことが重なり、ウイスキーを手に入れるには多くのお金と時間と努力が必要になっていったのである。

●5つの産地

世界のウイスキー産地の中でも、スコットランドは多様な地勢が多様なウイスキー――とくにシングルモルトとして瓶詰めされるもの――の製造に長く寄与してきたという点できわだっている（ブレンデッド・ウイスキーはその本質からしてそのような場所による違いを欠いている）。

すべてのスコッチ・ウイスキーは、水、ピートでいぶされた大麦、酵母からつくられる。けれども一度もスコッチを味わったことのない人でも、ザ・グレンリベット12年のようなハイランド・ウイスキーと、ラフロイグ10年のようなアイラ・ウイスキーの違いを簡単に感じ取れるだろう。前者は軽い風味で少しスモーキー、そして花とハチミツをかすかに感じさせる。後者は口と鼻をスモークとヨードと海藻の風味でいっぱいにする。

スコッチ・ウイスキーの多様さは多くの変数の産物だ。「多くの変数」には、異なった水源、

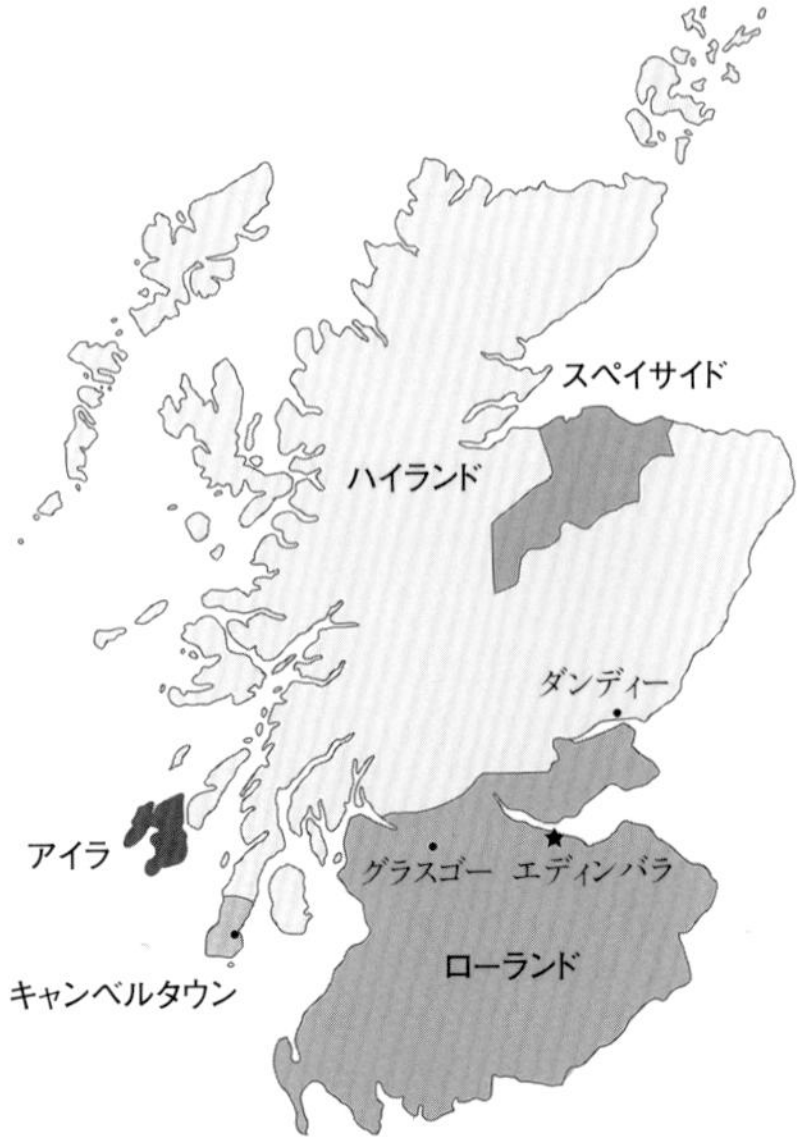

スコッチ・ウイスキーの５つの産地

異なったタイプの大麦、異なった酵母菌、異なったウイスキーの製造法（穀物の混合割合）、異なった蒸留装置、ウイスキーを熟成する異なった気候が含まれる。これらの変数のいくつかは地勢によって限定されるが、その他はウイスキー・メーカーがどのようなウイスキーをつくろうとするかによって変わってくる。しかしいずれにしても、スコッチ・ウイスキー産業はシングルモルト・ウイスキーを５つの地域に分類している。

アイラ・ウイスキーはもっとも風味が強い。海水、ヨード、スモークの匂いと味が特徴である。よく知られているアイラ・ウイスキーは、アードベッ

アードベッグ蒸留所。スコットランド、アイラ島。

グ、ボウモア、ラフロイグ、ラガヴーリンなどだ。

それと対照的に、ダンディーとグリーノックの南で製造されるローランド・ウイスキーはマイルドな傾向で、アイラ・タイプの風味を持つことはまれだ。今でも稼働しているローランドの蒸留所は、オーヘントッシャン、ブラッドノック、そしてグレンキンチーである。

アイラのすぐ東がキャンベルタウンで、かつてはウイスキー製造の強力な拠点だった。過去に稼働していた蒸留所は30を数えるが、現在動いているのはグレン・スコシアと、名高いスプリングバンクだけだ。キャンベルタウンはアイラのようなウイスキーをつくるが、強烈さはやや薄れ、独特の軽い風味もある。

もっとも有名なスコッチ・ウイスキーのい

くつか、ザ・グレンリベット、グレンモーレンジィ、タリスカーは、ローランドのすぐ上（北）のハイランドでつくられる。ここの蒸留所は驚くほど幅の広い種類のウイスキーを製造する。ハイランド・ウイスキーに共通する唯一の特徴は、フルーティな風味を求める傾向と、全般に高い質だろう。

スコットランドの蒸留所のおよそ半分は、ハイランドの北東、スペイサイドと呼ばれる地域にある。熱狂的な支持者の中には、ここがスコッチ・ウイスキー産業の宝だと公言する者もいる。スペイサイドがアベラワー、バルヴェニー、ザ・グレンロセスなどのすばらしいウイスキーを製造しているのは疑いない。しかしながら、スペイサイドのウイスキーをハイランド・ウイスキーから区別される特色を持つものとして性格づけるのは難しい。なにしろ、スペイサイド・ウイスキー自身に見事に多様な特徴があるのだ。軽く、草の匂いのするグレンフィディックから、もっとしっかりしてフルーティなマッカランまで。

◉20世紀末のスコッチ

スコッチは過去1世紀の間に勝利をあげた。生産は急カーブを描いて上がり、世紀末には1億9000万ガロンを超えて、品揃えもどんどん増えた。すばらしいブレンデッド・

ウイスキーを貯蔵熟成する樽。アイラ島のグレンモーレンジ蒸留所。

スコッチ・ウイスキーが、めまいがするほど豊富に揃っている。低価格のホワイトホースやザ・フェイマス・グラウス（1リットルがイギリスで約11ポンド、アメリカで約18ドル）から、高級品のシーバスリーガル18年（50ポンド、50ドル）、そして超高価なジョニーウォーカー・ブルーラベル・キングジョージ5世（535ポンド、400ドル）まで幅広い。熟成年数の長いブレンデッド・ウイスキーも増えてきた。ほんの数年間だけ熟成した安い銘柄（25ポンド、15ドル）で知られるカティーサークは、今や12年、15年、18年、さらに25年ものも出している。

数十年の空白を経て、ヴァッテド・スコッチ・ウイスキーが酒屋やバーの棚に現れ始めた。そして21世紀の初めには、ブレンデッド・ウイスキーにかなりリードされた「二番手」のシングルモルト・ウイスキーが、信じられないほどの人気を博すようになった。これを受けて、蒸留所は熟成年数の異なるシングルモルト・ウイスキーを市場に送り出すようになった。近年では、たとえばタリスカーは10年もの、12年もの、18年もの、20年もの、そして25年ものまで出している。蒸留所はまた、スコッチをさまざまな種類の樽で熟成させ、異なる風味をつける実験をしてきた。そのひとつを挙げれば、ボウモア蒸留所はバーボン、シェリー、ボルドー・ワインを入れていた樽を使った。ただし、このような実験の結果、地域ごとのウイスキーの特徴が薄れてしまうという懸念もあることを付記しておきたい。

第4章◉アイルランドのウイスキー

アイリッシュ・ウイスキーの物語は騒々しいものである。無名でささやかな存在だったアイリッシュ・ウイスキーは、19世紀に世界を牛耳る高みへのぼったものの、やがてすぐまた恐ろしく後退し、ほとんど消滅しそうになった。けれども過去半世紀をかけて、アイリッシュ・ウイスキーはラザロの復活［新約聖書「ヨハネによる福音書」でイエスが死後4日のラザロを生き返らせた話］のようなカムバックを果たした。蒸留所とブランドの数はかつてよりはるかに少なくなったとはいえ、今日のアイリッシュ・ウイスキーの品質の高さは世界で認められている。

◉初期の歴史

アイルランドでの酒の蒸留の痕跡は12世紀にさかのぼる。1170年、ペンブルック伯爵（別名「強弓 Strongbow」）を屈服させるために、イングランドのヘンリー2世の兵がアイルランドに入った。伯はアイルランドのある種族の要請でアイルランドに侵攻し、王になろうとしていたのである。帰還したイングランド兵は、アイルランド人が「アクアヴィタ aqua vita」と「オスケバウ usquebagh」を飲んでいるという報告をもたらした。これは強い蒸留酒のウイスキーだったのだろうか？　アイリッシュ・ウイスキーの熱心な愛好家はそう考えるが、確かなことは誰にもわからない。報告書にはその飲み物の特徴は述べられていないし、それをつくるための成分を示すものもない。ヨーロッパでワインの蒸留が広まっていたことからすると、それはウイスキーではなくブランデーだった可能性のほうが高いと思われる。13世紀から14世紀にかけて書かれた「レッド・ブック・オブ・オソリー *Red Book of Ossory*」という教会の記録にブランデーのつくり方が載っていることが、その仮説を裏づける根拠とみなされるかもしれない。

しかしながら、アイルランド人は16世紀までにはウイスキーらしきものをつくっていたと言ってもよいと思われる。穀物栽培がすでに普及していたこの頃、イングランド統治下のアイルランド議会が１５５６年に通した法律は、「アクアヴィタ」が「日常的に飲まれ、今やアイルランド全域で広く用いられている」ことを懸念とともに指摘しているからである。この法律は、社会のエリート層には蒸留を許したが、その他の者には政府に許可証を申請することを要求した。

初期のアイリッシュ・ウイスキーは初期のスコッチ・ウイスキーと似ているところが多かった。両方とも大量の製麦された大麦からつくられた、こくのある蒸留酒であり、事実、初期のアイルランドの蒸留所では「ピュアモルト」ウイスキー（大麦だけからつくられたウイスキー）をつくっていた。ただし、アイルランドのほとんどのウイスキー・メーカーは、製麦した大麦と他の穀粒とを混ぜたものを使用してきた。たとえば１８７３年の穀物配合のレシピには、14パーセントの製麦した大麦、40パーセントの製麦しない大麦、16パーセントのオート麦と30パーセントのライ麦と記されている。それに加え、19世紀半ばまで、アイリッシュとスコッチの蒸留所は両方ともウイスキー製造に銅のポットスチルを使っていた。そしていくつかの初期のアイルランドの蒸留所はピートを製麦に使っていて、それがスモーキーな、スコッチのような風味を添えたであろうと思われる。

しかし20世紀初頭までには、アイリッシュ・ウイスキーとスコッチ・ウイスキーは異なる風味の道をたどるようになっていた。熟慮のすえ、アイルランドの蒸留所はピートの使用をやめた（今日、コネマラがピートを使う唯一のアイリッシュ・ウイスキーのブランドだ）。だから、両者とも大麦をベースにした蒸留酒ではあっても、アイリッシュ・ウイスキーはフルーティでやや甘いウイスキーに進化し、一方スコッチは多かれ少なかれスモーキーな酒であり続けている。

●アイリッシュ・ウイスキーとイングランドの支配

1533年にヘンリー8世がローマ教皇と決裂し、翌年イングランド国教会の首長になったとき、彼はその後長く続く「アイルランド問題」を自らつくり出してしまったと言える。4世紀の間、アイルランドは名目上イングランドの支配下にあったが、正確には、イングランド王のアイルランドにおける権力は、ローマ教皇ハドリアヌス4世が1155年に与えた勅令に基づいていたのである。イングランドとローマ教皇との決裂後、ヘンリー8世とその後継者たちは（カトリックの）アイルランドの支配権を教皇やアイルランド人に戻すよりも、むしろこの国にイングランドへの屈服を強いることを選び、長く、しばしば残虐な努力を始めた。イングランドはアイルランドに軍隊を送り、この国の北東部にプロテスタントのイングランド人とプレスビテリアン［長老派教会。プロテスタントの一派］のスコットランド人を住まわせた。

アイルランド人を同化する努力の一環としてイングランド政府は多数の法令を制定し、ウイスキー消費とアイルランド人の飲酒一般を減らそうとした。１５８０年、マンスター（アイルランド南西部地方）に戒厳令をしいたとき、イングランドは「反乱幇助者《ほうじょ》」と「アクアヴィタ製造者」とを処刑すると脅した。少しずつ、国王は権力を拡大した。エール「ビールの一種」とウイスキーを出す旅館に課税し、ウイスキー製造者に課税した。個人がウイスキーを合法的につくろうとすると、専売特許、もしくは独占製造者免許を地方政府の役人から買わなければならなかった。ウイスキー製造に使われたモルトにさえ課税された。おそらくアイルランド人をことに腹立たせたのは、イングランド軍の費用をまかなうために彼らの酒に課税されたことだった。ウイスキーにかけられる税額がどんどん大きくなるのは、大部分が貧しいアイルランド人にとってとくに重荷だった。

当然、不法蒸留がアイルランドで盛んになった。アイルランド人は、値段が高く「国会ウイスキー」と馬鹿にされた合法ウイスキーを買うのではなく、密造ウイスキー（ポチーン）を飲んでお金を節約し、イギリスの支配にあかんべーをしたのである。酒税が増やされれば増やされるほど、「マウンテン・デュー」［直訳は「山のしずく」だが口語では「密造酒」の意味もある］が不法蒸留所から流れ出した。

スコットランドと同じく、アイルランドでもウイスキーは政治問題を引き起こした。ある無名の詩人がポチーンについてこう書いている。

おお！　ポチーンを発見した男に万歳なら、
こりゃ教皇はやつを殉教者にしなきゃな、
もしこの俺がヴィクトリア女王なら、
ウイスキーと水しか飲まないな！

はじめのうちは、ポチーンは「非合法に税金を逃れたアイリッシュ・ウイスキー」にすぎなかった。しかし時が経つにつれ、それはウイスキーのまがいもの、あるいはもっとひどいものに変わっていった。モルト代が増えると、ポチーン・メーカーはより安い代替物——砂糖、糖蜜、ジャガイモ、ルバーブ（食用ダイオウ）、リンゴなどに走った。また、アイルランド人は非合法ウイスキーを隠すのが上手だった。マントやコートの下、あるいは女性の下着の中にさえ簡単に隠せるような酒の容器が考え出された。

ようやくイングランド当局は、過酷な規制を課し続けるのはそれほど効果的ではないと気がついた。徐々に法律を見直し、税金を下げ、合法的なウイスキー製造をうながした。

政治家エドマンド・バークのアイルランド人らしさを皮肉を込めて描いた漫画。十字架、ウイスキー、ジャガイモが見える。1782年。

1759年には、合法ウイスキーの評判を高めることを目的に、製麦した大麦、穀粒、ジャガイモと砂糖以外の原料の利用を禁止する法案を成立さている。

しかし残念ながら、政府の政策がいつも適切だったわけではない。おそらく最悪の税法が1779年に制定された。それ以前は、ウイスキー蒸留者は製造した蒸留液の量に基づいて課税されていた。当然、蒸留者は実際の生産量よりも少ない量に見せかけるという方向に行く。そこで政府は、スチルの大きさとそれから計算された月ごとの生産量に基づいて課税するように税法を改定するという対策で応じようとしたのである。しかしこの税法改定によって、それまで合法的だっ

アイルランドの不法スチル。19世紀。

た蒸留業者でさえスチルの登録を取り消して地下でこっそり製造したり、あるいは計算上の生産量よりも多くのウイスキーをつくるためスチルをやみくもに速く稼動させたりするようになった。こうして不法ウイスキーは急増し、加えて「国会ウイスキー」の品質も落ち込む事態となり、アイルランド人はますますポチーンを飲むようになっていったのである。

１７８３年には事態はますます悪化した。不法蒸留設備が発見された町には罰金を課すと政府が脅したのである。地域社会に不法蒸留へ圧力をかけるようにうながす代わりに、この集団的制裁政策は地域社会からの抵抗を招いて

議会の議論を描いた漫画。ポチーン製造を止めるために送ったイングランド兵がポチーン飲みになってしまったと言っている。1816年。

しまった。1783年の法律制定に続く40年間で、政府に登録されたスチルの数は1200から20まで激減した。

残念なことに、酒に関する法律を施行するために創設された官職は、たちまち汚職と不運の評判をもらってしまった。19世紀半ばに収税事務が専門家によって行なわれるようになるまで、収税吏になるためにはアイルランドについても蒸留業についてもなにも知らなくてもかまわなかった。多くの収税吏が蒸留業者に賄賂を強要した。道徳心が欠けていたり、支払われる給料があまりに少なかったりしたのが主な原因である。財産没収政策は収税吏に、不法ウイスキーをつくり、輸送するために使われた資材はなんでも差し押さえる権限を与えた。

これにはスチル、馬車と馬も含まれた。市民と収税吏の間で衝突が続発し、ときにはポチーンをめぐる戦いの支援のためにイングランド兵がアイルランドへ送られた。

◉アイリッシュ・ウイスキー・ブーム

イングランド政府はようやく非を認め、ウイスキー政策を改善した。1823年にアイルランドとスコットランドに等しく適用された税法は、ウイスキー・メーカーがあまり面倒なことなしにスチルを政府に登録できるようにし、製造したウイスキーの量のみに課税するようにした。ウイスキーの規制と課税作業の専門化が始まり、18世紀から19世紀にかけて収税吏と蒸留業者が徐々に本格的な協働関係を発展させた。より良い法律とより良い施行がより多くの法令順守をうながし、ポチーンをつくろうという気持ちを減退させたのである。

この政策変更のタイミングは思いがけず絶妙なものになった——ウイスキーの産業革命が始まっていたのである。鋳掛け屋［なべやかまなどの銅・鉄器の破損を修理する職人］は、ウイスキー製造を粗雑で労働集約的な工程から効率のよい機械生産に変えようとさまざまに機械を工夫していた。非合法なポチーンの製造もある程度の利益を生むとはいえ、合法的にウイスキー工場を建て、穀粒を大量に買い付けて機械で大量生産したほうが大きなお金になっ

アイルランドの政治屋ダニエル・オコンネルとウェリントン公爵が「アイリッシュ・ウイスキー問題の落としどころを決めようとしている」。1828年。

たのだ。

アイリッシュ・ウイスキーは急速に大きな存在になり、スコッチをしのぐ勢いだった。たとえば、ミドルトン蒸留所は、3万1500ガロンのおどろくべきポットスチルを1825年に建てた。ダブリンはその間、ウイスキー製造の一大拠点に成長した。ジョン・ジェムソン、ウィリアム・ジェムソン、ジョン・パワーとジョージ・ロウは巨大な企業になった。ロウのトマス街の工場は17エーカー（6万8000平方メートル）の広さがあり、年に200万米ガロン（750万リットル）のウイスキーをつくり出した。

合法ウイスキーの生産は次の75年間に4倍になった。

18世紀半ばにアイルランドを訪問した者は、小さな町のほとんどすべてのパブがウイスキーを販売していて、地元の人たちはそれを「健康にいいバルサム樹脂の利尿剤」として珍重していると報告した。「彼らは食事の前にそれをみんな一緒にとるのである。飲みやすくするために鉄のポットに蒸留酒を充たし、砂糖、ミントとバターを加える」。しばらく熱した後、それを缶に注ぎ、互いに乾杯して、飲み下すのだった。

アイルランドのウイスキーは、国外で、世界最高級のレストランやクラブで賞味された。オーストラリアや、インド、アメリカもアイリッシュ・ウイスキーを輸入した。北部のコールレーン(デリー州)でつくられたアイリッシュ・ウイスキーはイギリス議会下院のバーに置かれたこともある。

◉アルコール中毒

アイリッシュ・ウイスキー産業が成長するためには、いくつかの代償が必要だった。もっとも顕著なものは、アルコール中毒と保健衛生の問題、それに伴う社会問題の発生である。20世紀以前のアイルランドのアルコール中毒者の数を示す信頼に足るデータは存在しない。

しかし、その時代の多くの記録がウイスキーの飲みすぎによる醜悪な影響を示している。ウイスキーの乱用や無分別な暴力が、しばしばそれらの記述に複雑に絡み合っている。

偉大な才人ジョナサン・スウィフト（１６６７〜１７４５）は「オスケバウ usquebaugh」が手桶で出されるアイルランドの宴会を描いた。夜が終わる頃には悲惨なことになる酒宴の情景である。

なんという刺し傷になんという切り傷
なんというガチャガチャ鳴る棒
なんというはらわたへの打ち傷
なんという手足への打撃！
オークの棍棒を
焦がして硬くしたもので
百人の頭が壊れた
百人の脚がつぶされた

スウィフトの同時代人で、アイルランド人作曲家トゥールロホ・オ・カロラン（１６７０

〜1738）の曲は、ある男のウイスキーとの不健康な関係を歌っている。

おまえはのみこまれて、おお、ウイスキー！
わたしの喉笛を火傷させていく
しょっちゅうわたしをすっからかんにしていく
金も銀もなしに

アルコール中毒のこの不運な酔っ払いはミサに出そこない、酒盛りをするために食事を抜き、評判を落とす。それでも彼はこう続ける。

そうだおまえはわたしの服を汚し
そうだおまえはわたしの鼻を切り
おまえはわたしを地面に打ち倒し
わたしを腑抜けにしてすてていく
だが朝にはわたしを治してくれる
だから今後はずっとゆるしてやる

この抒情詩は自伝的な作品だったのかもしれない。作家オリバー・ゴールドスミス（1730〜1774）は、カロランは「オスケバウがあったら全部飲んでしまう」と語った。そしてこの習癖が「不治の病を引き起こし」、彼を殺したのだ、と。

ウィリアム・カールトンの『アイルランド農夫の物語』（1843年）は、カトリックの「リボンメン」とプロテスタントの「オレンジメン」の間の野蛮な集団同士の闘いに加わった男たちの奇妙な喜びについて語っている。彼らにとってウイスキーは、ナショナリズムの「熱い血」をかきたてる「情熱の酒」なのだった。顎を砕かれ、首やあちこちの骨を折られても、それらすべてが、闘いに跳ね回る男たちには奇妙な効果を及ぼして「みんなへの愛、男、女、子供への愛」を感じさせる。

もちろん、しばしばあったように、アイルランド人は恐ろしいことの中にユーモアを見もしたのである。そのもっとも有名な例がバラッド［伝説や民話を歌う物語詩］の「フィネガンズ・ウェイク」にある。ティム・フィネガンは毎朝ウイスキーを飲む。ある朝、ハシゴの上で「振戦せん妄」［アルコールの禁断症状］に襲われ、転落して頭蓋骨を折ってしまう。酒がふるまわれた通夜で喧嘩騒ぎが起き、オスケバウ、生命の水を死体の上にこぼされたティムは生き返ったのだ。

同じように、作者不明の19世紀の歌「うまいウイスキーを一杯 A Sup of Good Whiskey」は、ウイスキーの飲みすぎをいましめながら、お行儀のいい社会人を皮肉につねってみせる。

うまいウイスキーを一杯やれば楽しくなる
酒をやりすぎれば頭がおかしくなる
理性の言うことを聞けば賢くなる
飲みすぎれば瞑目することになる……
医者の先生は「健康に悪いぞ」と言うだろう
裁判の先生は「財布に悪いぞ」と言うだろう
医者も法律家も意見は同じ
あんたのカネがなくなったら料金を取れないし
だけど外科医も内科医も
弁護士も代理人も
みんな自分じゃ一杯やるぜ

◉困難な時代

アイリッシュ・ウイスキーのピークは１９００年だった。この国の30の蒸留所は９９０万米ガロン（３７５０万リットル）という記録的な量をこの年に製造した。アイリッシュ・ウイスキーは質の高さで有名だったが、20年後には壊滅した。一体なにが起きたのだろうか？一言で言えば、その一部は避けることができたにせよ、どうにもならない悪いことがたくさんあったのである。

１８４０年代初頭、酒に酔うことへの社会の反発——禁酒運動——が始まった。そしてほとんど時を同じくして、この国は4分の1近くの人口を（そして酒飲みを）、ジャガイモ飢饉による死とそれに続く移民によって失った。このふたつの要因がアイリッシュ・ウイスキーの国内市場の長期的な成長を押しとどめた。

ただしイングランドその他海外における需要のおかげで、アイリッシュ・ウイスキーの生産自体は19世紀から20世紀にかけて拡大してはいた——１８７０年から１９００年の間に生産量は倍になり、その25から60パーセントが輸出されたのである。

あいにくだったのは、アイルランドだけがウイスキーをつくっていたわけではなかったことだ。前章で述べたように、スコットランドの蒸留業はパテントスチル（連続式蒸留器）の導入によって1830年代以来拡大していた。ダブリンとミドルトンにある大規模蒸留業者のほとんどは、質の悪いウイスキーをつくるものだとしてパテントスチルを見下していたが、北アイルランドとスコットランドにあるウイスキー・メーカーのパテントスチルの迅速な導入という事実の前では、彼らの声などは取るに足りないものでしかなかった。

アイリッシュ・ウイスキー業界の大物たちはイギリス政府に抗議し、ウイスキーとブレンデッド・ウイスキーのラベルを区別させるよう繰り返し要求した。本物のアイリッシュ・ウイスキーは製麦された大麦からポットスチルでつくられたものだけだ、と主張したのだ。しかし——さんざん細かい議論をして——イギリスおよび外国の蒸留酒選定委員会が合意したのは、ウイスキーが「アルコールと水を成分とする蒸留液」であるということだけだった（1890年）。これにより、パテントスチルを使ってグレーン・ウイスキーを粗製乱造する業者でも「ウイスキー」のラベルを貼り続けることが可能となった。

アイルランドの蒸留業界による新しいテクノロジーの拒絶は、結果的に業界にとっては大きな損失を招き、商売敵にとっては利益をもたらすことになった。スコットランド人と北アイルランドの生産者たちは、パテントスチルを使うことで、成長するイングランドの再蒸留市場を握ったのだ（19世紀には、アイルランドとスコットランドで製造されたウイスキーの多くはイングランドへ輸送され、再蒸留されてジンになった）。

パテントスチルは、スコットランドと北アイルランドの蒸留業者がこの市場に向けて安い蒸留酒をつくることを可能にした。その上、これらのウイスキー・メーカーは一般市場への取っ掛かりを得ることもできた。彼らとウイスキー販売商は、パテントスチルのウイスキーと、もっとこくと風味のある（アイルランドとスコットランドの）ポットスチル・ウイスキーを混ぜ、安くて輸出しやすいブレンデッド・ウイスキーを製造したのである。イングランドや外国の消費者はすぐにそちらを好むようになった。

宗教と政治の関わりが、本物のウイスキーとはなにか、という議論を歪めた。アイルランドのブレンデッド・ウイスキーの多くは北アイルランドでつくられた。強欲な北アイルランドの製造者はアイリッシュ・ウイスキーの品質を落としてこの産業を駄目にした、と非難された。グラスの中のウイスキーが政治的声明とみなされるようになった。ダブリンでつくられたジェムソンかパワーを飲むことは、生まれようとしているアイルランド国家を支持しているということであり、ブッシュミルズを飲むことはイングランドを支持しているということだったのである。

困難な時代は１９０１年に始まった。蒸留酒の過剰生産とイングランドやヨーロッパの経済全般の沈滞とが相まって、すべてのウイスキー・メーカーが不良在庫を抱えることになった。生産は減少し、価格は大きく下落した。１９００年から１９１５年にかけて、アイリッ

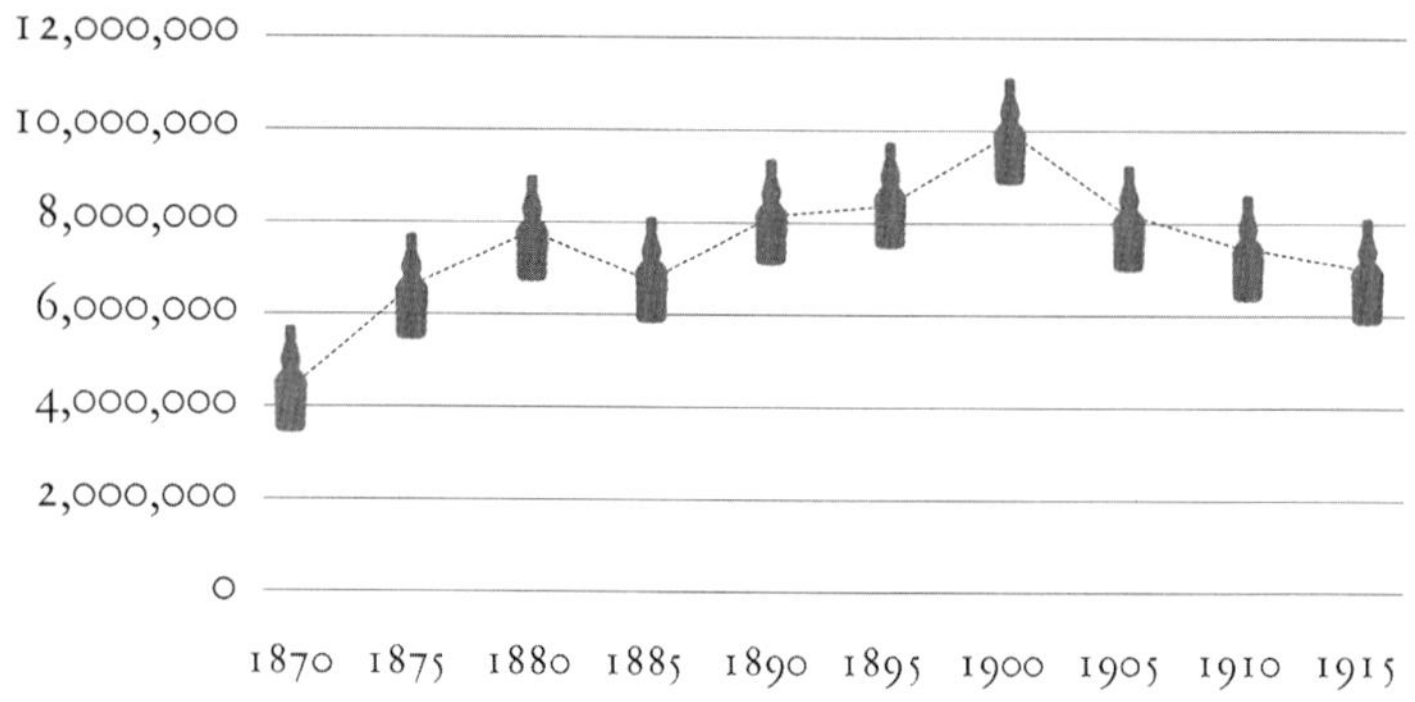

アイリッシュ・ウイスキーの生産量（米ガロン）。

シュ・ウイスキーの生産は990万から700万米ガロン（3750万から2650万リットル）へ、29パーセント低下した。アイルランドの蒸留所の数は30から21へ縮小した。

第一次世界大戦がさらにアイリッシュ・ウイスキー産業をむちゃくちゃにした。あらゆるアルコール飲料の市場が猛烈に縮み、財務大臣デヴィッド・ロイド・ジョージは、酒類製造販売禁止政策を追求するために戦争を利用した。工場労働者が酒を飲みすぎて仕事に出てこないといううわさが広がると、ジョージと仲間の社会改革家たちはこの種の話に飛びつき、こういう大酒飲みどもが戦争の努力を徐々に弱らせていると主張した。

イギリスの税収の15パーセントが蒸留酒業界からのものので、アルコール飲料全体では30パーセントに達するにもかかわらず、議会は統制委員会（酒類取引）を1915年に設置した。この機関は戦争用物資が製造されたり輸送されたりする地域でのアルコール消費を抑制する措置を取る権限を与えられた。委員会は権限を非常に広く解釈し、すぐにイングランド、ウェールズ、スコットランドでアルコールの販売と消費を制限し、最終的には〔アイルランドを含む当時の〕イギリス全土の6分の5の地域で制限をした。「生理学原理」「衛生学原理」と政府のめざす「国民的効率」の名のもとに、委員会は大衆の飲酒を抑制した。唯一、委員会のムチを免れた地域は、王国の中心から離れた田舎の小さな土地だけだった。これらにほとんど5倍になった酒税と生産への締めつけを加えれば、なぜ多くの蒸留所が撤退していったかを理解するのは難しくない。

スコットランドのウイスキー・メーカーも同様の目にあったが、アイルランドの蒸留業者にはこれらの打撃をしのぐのに十分な財務能力と海外販売力が欠けていた。悔やまれるのは、アイルランドの蒸留業者がポットスチルと大麦に最後まで固執したために、イギリス政府の工業用アルコールに対する莫大な需要を利用できないままに終わったことだ。また、アイルランドのウイスキー・メーカーは1917年にイギリス政府が大麦（制限）令を発したときにも瀕死の一撃をこうむっている（この戦時規制は大麦を食物の製造以外に用いることを禁じたものだった）。

一方、スコットランドのウイスキー・メーカーの多くはパテントスチルを採用したおかげで生き延びた。1915年、スコットランドのウイスキー生産は1850万米ガロン

（7000万リットル）、ピーク時のアイルランドのおよそ2倍にまでめざましく回復していた。スコットランド人はウイスキー用のトウモロコシや他の穀物粒をすでに栽培したり輸入したりしていたので、大麦政策にはさほど痛めつけられなかったのだ。

アイルランドとイングランドが政治的に協力できないために、アイルランドの蒸留業はほぼ致命的な傷を受けた。1916年に始まったアイルランドのイングランドへの反乱は、北アイルランドから分離したアイルランド国家の設立をもたらした。あいにく、このアイルランドにとっての勝利は貿易戦争に火をつけ、アイリッシュ・ウイスキーをイングランド人の口から遠ざけた。

アイリッシュ・ウイスキーは、アメリカが1920年に施行した禁酒法にさらなる一撃をくらった。アメリカへの輸出は禁止され、アイリッシュ・ウイスキーの巨大なマーケットは10年以上にわたって失われた。蒸留所の閉鎖や合併がさらに進み、生産はいちだんと低下した。

1933年に禁酒法が終わってアメリカの市場が再び開かれたとき、アイルランドの蒸留業者には十分なウイスキーの在庫も製造能力もなく、需要の大波のような高まりに乗ることができなかった。さらにひどかったのは、たとえアイリッシュ・ウイスキーがあったとしても、アメリカには販売できなかったことだ。1926年のアイルランドの法律が、アイリッ

ダブリンのジェムソン蒸留所の前で大麦の袋を積んだ荷馬車。1910年代後半。

シュ・ウイスキーの保税（熟成）期間を3年から5年に上げていたのだ。これは考え方としては立派だった。他のウイスキーよりずっと長い熟成期間を要求することによって、アイリッシュ・ウイスキーをスーパー・プレミアムな製品にしようとしたからである。しかし短期的にはぞっとする結果になった。アメリカには、原産国で販売できない輸入酒をアメリカで売ってはいけないという法律があったのだ。つまり、熟成が5年未満のアイリッシュ・ウイスキーはアイルランドでもアメリカでも売ることができなかったのである。

キルベガン蒸留所の前の男たち。ウェストミース州キルベガン。1940年代。

◉復活

数十年の間に、アイルランドのウイスキー産業はしぼんでしまった。20世紀前半の平均年間生産量はおそらく1900年の10分の1程度だ。アイルランド政府は、不足がちな歳入をどこからかひっつかもうとして、ウイスキーの税金を上げてはまた上げた。1900年から1969年にかけて、税額は26倍になった。

事態が好転し始めたのは20世紀中頃からである。アイルランド政府がアイリッシュ・ウイスキーを国の特産品として後援することに力を入れはじめたのだ。1950年に政府は「アイリッシュ・ウイスキー」と「アイリッシュ・ポットスチル・ウイスキー」を法的に定義した——両者とも、アイルランド国内で製麦された大麦からアイルランド国内でつくられたもの、と規定したのである。後者はすべて銅製のポットスチルで蒸留されたものでなければならず、前者はパテントスチルの蒸留液を含んでいてもよかった。政府はまた、海外向け広告キャンペーンの資金援助も始めた。1964年にはアイルランド国外で製造された蒸留酒への関税を立法化し、アイリッシュ・ウイスキーを国内の消費者にとってより魅力的なものにした。また、その5年後には樽での最短熟成期間の規定を5年から3年に減らし、アイリッシュ・ウイスキーをより早く、蒸散の少ないうちに売れるようにもした。

アイルランドのウイスキー・メーカーも目が覚めた。パテントスチルを採用して製品の種類を増やし、製造費の安いアイリッシュ・ウォッカとジンを量産した。タラモア蒸留所は、アイリッシュとグレーン・ウイスキー、ハチミツとハーブを混合した蒸留酒アイリッシュ・ミストを製造し、千年前のケルト人が初めて飲んだ大昔の飲み物として売り出した。アイリッシュ・ミストはアメリカとヨーロッパで信じられないほどの人気を博した。後にタラモア蒸留所は閉鎖されることになったが、アイリッシュ・ミストはこの蒸留所の名高いブランド、タラモアデューと同様に生き残っている。アイリッシュ・ウイスキーにコーヒー、砂糖、クリームを混ぜたアイリッシュ・コーヒーが世界中に広まった1940年代から50年代、アイリッシュ・ウイスキーの販売量はまたいちだんと伸びた。

1966年、大量生産によるコストダウンをはかり、蒸留所同士の競争を避けるために、残っていた少数の会社はさらに合併し、ユナイテッド・ディスティラーズ・オブ・アイルランドをつくった（2年後、この会社は名称を変更してアイリッシュ・ディスティラーズ・グループ株式会社、略称IDGLとなった）。以前のライバル同士、ジョン・ジェムソン・アンド・サン、ザ・コーク・ディスティラリーズ・カンパニー、ジョン・パワー・アンド・サンはグループ内のブランドになった。1975年になると、これらのブランドの製品はすべてミドルトンの新しい最先端技術の設備で製造された。IDGLはアイリッシュ・ウイスキーをブレンドしていた会社への販売をやめ、自身のブランドをつけてウイスキーを売った。IDGLは自社ブランドすべての製造とマーケティングを組織立て、ブランドごとに特定のマーケットを狙った。自社の将来をピュア・ポットスチル・ウイスキーではなく、ブレンデッド・アイリッシュ・ウイスキーに賭けたのである。

一方、北アイルランドの蒸留業は崩壊寸前だった。スコットランドの蒸留業のペースについていくことができず、地元のマーケットの需要は弱かった。1947年、ブッシュミルズとコールレーンの蒸留所は手を組んだ。オールドコンバーはその後まもなくつぶれた。コールレーンは1964年、ブッシュミルズに吸収され、そのスチルは1970年代後半に廃棄された。

１９７０年代はアイリッシュ・ウイスキーのひとつの終わりと、皮肉な新しい始まりを記した。最初期から、アイルランドの蒸留所のほとんどはアイルランド人によって経営されてきた。多くの場合、会社の首脳部は世襲されるか、もしくは経営手法を信頼できる家族の友人に受け継がれた。

だが、こうしたことは１９７０年代にとだえた。ブッシュミルズは、多くのパブのオーナー、バース＝チャリントンに買い取られた。ブッシュミルズの販売は向上した。その四角い瓶はイギリスのどこのバーの棚にも載るようになった。そして１９７２年、かつては考えられなかったことが起こった。アイルランドと北アイルランドの長年の亀裂が埋められたのだっ

アメリカの雑誌に載ったブッシュミルズの広告。1960年代。

た。カナダに本拠を置く大酒造会社、シーグラムがブッシュミルズを買収し、ＩＤＧＬ株の15パーセントと引き換えにブッシュミルズをＩＤＧＬに譲り渡したのである。これによってアイリッシュ・ウイスキーのすべてがＩＤＧＬのものになった。

◉20世紀末のアイリッシュ・ウイスキー

世紀末が近づくにつれ、アイリッシュ・ウイスキーは次第に品質が改良されていった。ＩＤＧＬは古いダブリンのブランド、ジェムソンをつくりなおし、軽くなめらかでフルーティなアイリッシュ・ブレンドに変えた。新しいジェムソンとブッシュミルズを巧みに瓶詰めして売り、15年間かけて売り上げを着実に伸ばした。アイリッシュ・ウイスキーの「シロツメクサと棍棒」［シロツメクサはアイルランドの国章であり、棍棒は農民を象徴している］といわれた売り方はもうしなくなった。各ブランドは世界のどこでも飲まれる高級で洗練された酒として位置づけられるようになったのである。

１９８８年、ＩＤＧＬは、あるイギリスの会社による乗っ取りのたくらみをかわし、フランスのメガ企業、ペルノー・リカールに自社を売却した。ビーフイーター・ジンと、ヨーホーというノン・アルコールのチョコレート・ドリンクを含む多彩な飲料ブランドを誇るペ

アイルランドに残った３つの蒸留所

ルノー・リカールは、グループ名をアイリッシュ・ディスティラーズ株式会社と変え、ウイスキー販売をさらに伸ばした。２００７年のジェムソンの販売は15パーセント上昇し、２６０万ケース（およそ６５０万米ガロンもしくは２５００万リットル）以上になった。前年の売り上げが各地でたくましく増大したのである。ブルガリア（61パーセント増）、ロシア（41パーセント増）、ウクライナ（43パーセント増）、そしてアメリカ（21パーセント増）で。

その間、２００５年にブッシュミルズの蒸留所とブランドが、ロンドンに本社を置くディアジオに売却された。

キルベガン蒸留所の創設250周年と53年ぶりの蒸留再開を祝う。左から右へ、マスター・ブレンダー、ノエル・スウィーニー、会長ジョン・ティーリング、工場長ブライアン・クイン。2007年。

この会社はスミノフウォッカ、タンカリージン、アイルランドのギネスビール、ベイリーリカーのオーナーで、買収額は3億2400万ドルだった。ディアジオはブッシュミルズの販売にとくに力を入れ、2008年には東ヨーロッパで2桁の販売上昇があったと報じられた。また、年間生産量を95万米ガロン（360万リットル）から2011年には240万米ガロン（900万リットル）へ増やす予定だ。近頃では、ブッシュミルズはより多くの製品群を提供している。ブラックブッシュ、ホワイトブッシュ、そして10年ものと16年もののブッシュミルズだ。

このアイリッシュ・ウイスキーの復活

によって、消費者は今ではより多くの、そしてより良い選択肢を持てるようになった。20年前、アイルランド国外ではわずかに数ブランドが入手できただけだったが、現在は半ダースかそれ以上のアイリッシュ・ウイスキーが選べることもめずらしくない。ピュア・ポットスチル・ウイスキーのレッドブレスト、シングルモルト・ウイスキーのロックス、そしてスーパーラグジュアリー・ウイスキー、ひと瓶が120ポンド（100ドル）以上するミドルトン・ヴェリーレアなどである。

アイルランドの蒸留業は現在、年に950万米ガロン（3600万リットル）のウイスキーを販売している。2億1500万米ガロン（8億1400万リットル）のスコッチに比べると多いとは言えないが、それでもこれはとても大きな進歩である。

第5章◉アメリカのウイスキー

スコットランドとアイルランドでは、ウイスキー・メーカーはイギリス政府の行動に大きく左右された。政策がウイスキーを良くも悪くもした例である。アメリカでは、蒸留業者はそんな面倒な目にはあわなかった。イギリスの支配は1782年に終わり、新しいアメリカ政府は酒づくりにはめったに口を出さなかった。このレッセフェール（放任主義）のおかげでウイスキーはブームになったが、ブームは厳しい社会的な反発を招き、ついには政府がアルコールを禁止するに至った。最終的に、この国はウイスキーと和解し、その結果アメリカン・ウイスキーはたちまち世界に広がっていった。

◉初期の歴史

アメリカ合衆国は１７８９年に成立したが、そのずっと前にヨーロッパの開拓移民がウイスキーを蒸留していた。信頼できる公式の記録はわずかしかないものの、断片的な痕跡は多い。たとえば、ジョージ・ソープというヴァージニアの農民が、１６２０年にイングランドの親類への手紙にこう書いている。「インディアンのトウモロコシからすごくいい酒をつくるやり方を見つけた。うまくて強いイングランドのビールをことわってそっちを飲んだことが何度もある」。１６４５年時点で、ヴァージニアの政府はブランデーと「アクアヴィテ aqua vitae」の値段の上限をガロンあたり40ポンドに設定していた。

のちにニューヨーク市になる場所から北へ４００マイル行ったところにあったオランダの「西インド植民地」には蒸留所があり、１６４０年代にトウモロコシとライ麦から酒をつくっていたらしい。そしてヴァージニアの南３００マイルのあたりでは、のちにサウスカロライナになる地域を訪れたトマス・アッシュという著述家が、『カロライナ、あるいはこの国の現況 *Carolina or a Present Description of the State of That Country*』（１６８２年）という著書の中で、開拓移民がトウモロコシを飲んでいると報告した。彼らは「その後、質のよいしっかりしたビールをつくる方法を発明した。しかしそれは強くて酔いやすい。トウモロコシを水に浸して柔らかくし、ランビキ（蒸留器）を使って適切に蒸留すると、ブランデーのような強い蒸留酒ができる」

アイルランドやスコットランドと同じように、現地の政治指導者には農民が穀物をパンの製造からウイスキーづくりにまわしすぎているのではと心配するむきもあって、一時的に蒸留を制限もしくは延期する法律や裁判所命令を発した。たとえば、1676年、ペンシルベニアのある裁判所は、地元民が蒸留できるのは「製粉に適さない」穀物だけであるとしている。

ウイスキーはアメリカのイギリス植民地でよくつくられてはいたが、いちばんよく飲まれた酒というわけではなかった。フルーツ・ブランデーも広く飲まれたものの、なんといってもラム酒が王様だった。悪名高い「三角貿易」では、アメリカはラム酒をアフリカに輸出し、アフリカは砂糖農園で働かせるための奴隷をカリブ諸島へ輸出し、この島々は砂糖と糖液「刈ったばかりの砂糖キビからとれる黒く濃い汁」を、ラム酒の原料としてアメリカに輸出した。

だがアメリカでもっとも好まれていたラム酒の快走はたちまち終わり、ウイスキーがそれにとってかわった。初期のアメリカは農業中心の国だ。広大な領域のあちこちに小さな入植地がはめこまれたようになっていて、トウモロコシとライ麦と小麦が広い範囲でよく生育していた。農民は家族を養うのに十分な穀物を収穫すると、その残りを売った。穀物はよい値

VISIT OF OGLETHORPE TO THE HIGHLAND COLONY.

ジョージア州の創設者ジェームズ・オグルソープが1736年にジョージア州デアリエンに住むハイランダーを訪ねた場面。1880年代。

がつくこともつかないこともあったが、酒はいつも高い値段で売れた。だから農民と製粉業者にはウイスキーをつくる強い動機があり、そして彼らはその通りにつくったのである。

道路と水路の発達によって酒の販路が広がると、生産量は急増し、価格は下がった。たとえばニューオーリンズ港では、1812年に1万1000米ガロン（4万1600リットル）のウイスキーが荷揚げされたが、4年後には32万米ガロン（120万リットル）に増えたという記録が残っている。

しかしこの間に、ラム酒の貿易は国際的な奴隷貿易の衰え（アメリカもイギリスも19世紀初頭にこのビジネスから手を引き始めた）と、アメリカとイギリスの間の武力紛争（1775年から1783年までと1812年から1815年まで）のために崩壊している。それに加え、アメリカの開拓移民は、ラム酒をイギリスとその憎むべき海軍とにつなげて考えるようになった「イギリス海軍では水兵にラム酒を支給することがよく知られていた」。国内の宣伝屋はウイスキーをアメリカ生え抜きの蒸留酒だと言って売り込み、消費者はラム酒より安く買えるので満足だった（ラム酒には重い税金がかけられた）。1810年までにアメリカでのウイスキー消費量はラム酒の消費量を超えた。

ウイスキーがアメリカで好んで飲まれる蒸留酒になったことを象徴的に示すのは、初代大統領で「建国の父」ジョージ・ワシントンがウイスキー好きだったことである。アメリカ独立戦争で軍隊を指揮している間、ジョージ・ワシントン将軍は民兵指揮官たちにウイスキーを用意するよう訴えた。「軍隊には常に十分な量の蒸留酒があるべきだ……暑さや寒さの中を行進するとき、露営や雨天で、疲労の中で……それは欠かすことのできないものである」。ワシントンは軍隊に供給するために政府が各州にウイスキー蒸留所を設けることを提案した（結局は提案のままに終わった）。

大統領の任期をつとめた後、ワシントンはマウントバーノンの農場に引退した。雇われていたジェームズ・アンダーソンというスコットランド人が、蒸留所を建てるよう力説し、ワシントンはその通りに実行した。1年もしないうちに、蒸留所は1万1000米ガロン（4万1600リットル）のライ麦とトウモロコシのウイスキーを製造するまでになった。同じくアンダーソンの提案で豚の飼育も開始し、マッシュタンから取り出した使用済み穀粒で肥育した。

◉ウイスキー・ブーム

19世紀のアメリカはウイスキー・ブームに湧いた。人口は520万人から7620万人に増えた――人が増え、農場が増えれば、ウイスキーも増える。技術革新も加わった――ス

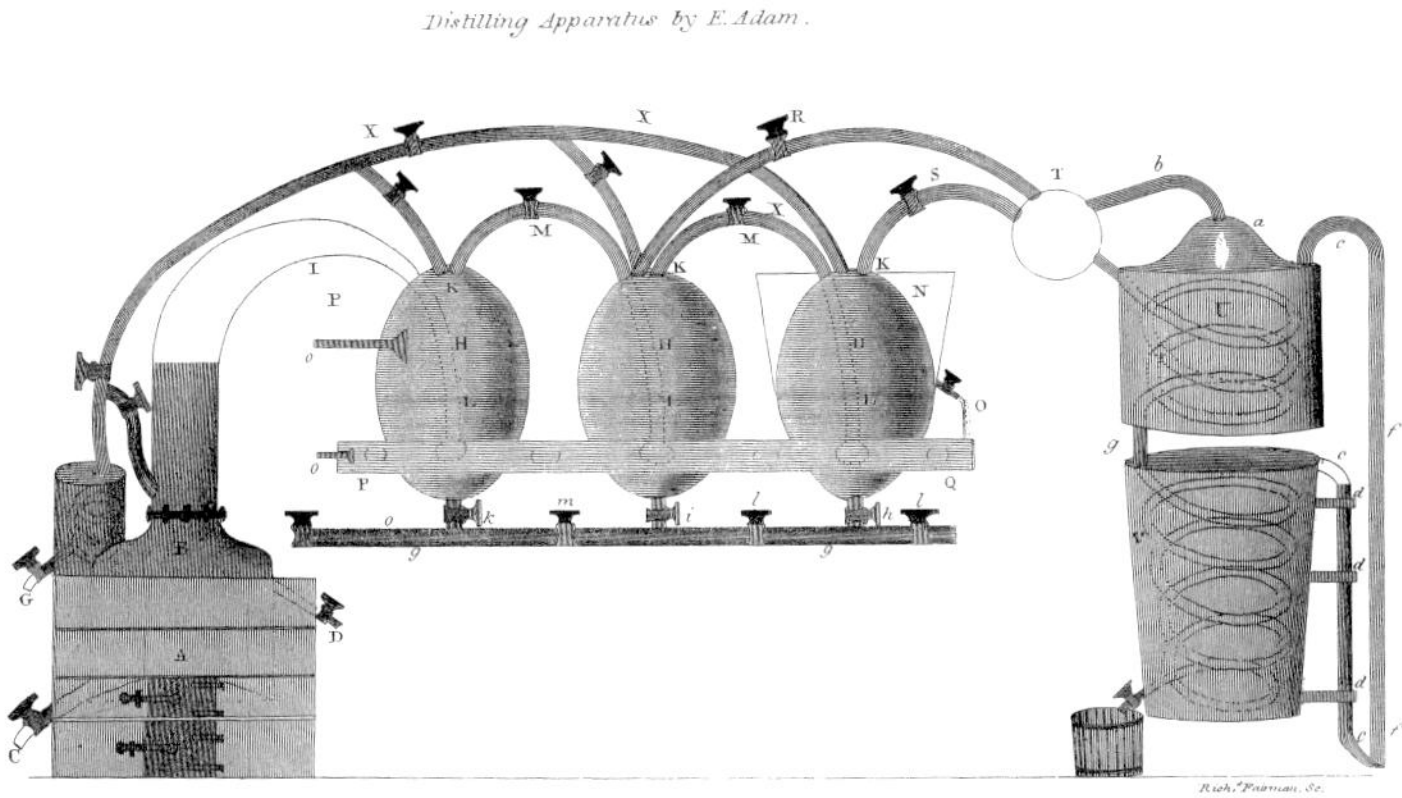

リチャード・フェアマンによる新タイプのウイスキー・スチルの図。1800年頃。

チルを熱するための蒸気コイルなど、数十もの新しい蒸留技術が、一山あてたい発明家たちによって特許化された。

さらに、アメリカの税金政策がウイスキーを後押しした。アメリカ政府は輸入酒には関税をかけたが、国内の酒類には税金をほとんどかけなかったのだ。というのは、この若い国の政府は、ある教訓を学んでいたからである。1791年、政府が国内産の蒸留酒に課税しようとすると蒸留業者と酒飲みたちは収税吏を襲い、翌年には武装暴動（ウイスキー税反乱）が勃発した。ジョージ・ワシントン大統領は1万3000人近い連邦軍を送って鎮圧しなければならなかった。だからアメリカではウイスキーへの最初の恒久的国税は1862年まで現れなかった。イギリスの場合と同様に、税金を正当化したのは戦争だった――南北戦争である。

1794年のウイスキー反乱者がタールを塗った徴税官を横木に乗せて運ぶ図。1879年。

アメリカ政府は概して産業をパートナーとして扱い、毛を刈りとるための羊とは見ていなかったため、ウイスキー税は全般的に低く抑えられた。賢明にも連邦政府は蒸留業者に、ウイスキーが倉庫で熟成されている間は税金を払わないでよいと認めていた。この「保税」措置は１８６８年に始まり、次第に拡大され、20年を上限に熟成中の樽への課税が免除されるようになった。このウィン・ウィン（お互いに利益になる）の慣行によって、ウイスキー・メーカーは製品を長期間熟成させるようになり、品質も向上した。またアメリカ合衆国議会は熟成中に蒸散した分の税金も免除し（１８８０年）、「ボトルド・イン・ボンド bottled in bond」［決められたとおりに瓶詰めされたボトルの意］ラベル表示法を可決した（１８９７年）。これは瓶の中のウイスキーが政府の厳格な基準の通りに熟成・瓶詰めされたことを保証するものであり、高い品質の証《あかし》となった。そして、これら一連の政策は税収増をうながし、ウイスキーの税金は政府の歳入の半分をまかなうまでになったのである。

アイルランドやスコットランドと同じく、連続式スチルはウイスキー産業に混乱を生み出した。「ウイスキーとはなにか?」という古い議論をむしかえしたのだ。少量の高品質のウイスキーを、安いが風味の乏しい穀粒からつくった蒸留酒と混ぜ、プルーンジュースで色をつけたものをウイスキーとして売り歩くのを禁じる法律は、まだなかった。

1906年の純正食品・薬品法がこの問題に解決策をもたらした。この法律は、摂取製品(consumable products)が安全であり、正しくラベル表示されるよう要求する権限を連邦政府に与えるものだった。セオドア・ルーズベルト大統領の政権(1901〜09年)は、ウイスキーが「ブレンデッド・ウイスキー」か「コンパウンデッド・ウイスキー[混合ウイスキー]」か「イミテーション・ウイスキー[模造ウイスキー]」とラベル表示されるよう求める規制をかけた。これ以来、ラベルとその定義は変わりながらも、原則は堅持された。消費者をだますな——酒は中味の通りに呼べ、ということだ。

◉アルコール中毒

残念なことに、アメリカ人の中にはウイスキーというものがこの世に現れたとたんに悪用し始めたものがいた。1671年の『ニューヨーク植民地評議会議事録 *Minutes of the Executive*

Council of the Province of New York』には、他の植民地から来た役人の助言が含まれている。トウモロコシから強い酒を蒸留することは、その穀物を大量に消耗することになり、また住民の放蕩と怠惰を招き、そこから避けがたく貧困と没落に至るのであるから、絶対に禁止もしくは制限すべきである。

この時期に、いくつかの植民地ではすでにアメリカン・インディアンに酒で支払いをすることの禁止令が出ていた。しかしこれらの禁止令はあまり効果がなかった。トウモロコシからつくった安い酒があふれてどこでも手に入り、開拓移民たちはそれを通貨として使いつづけた。アルコール中毒がネイティブ・アメリカンの人々の生活を荒らした。ヒュー・レフターは『同時代人によって語られたノースカロライナの歴史 *North Carolina History Told by Contemporaries*』（1934年）で、1754年にカトーバ族［南北カロライナ州のカトーバ川流域で生活した北米先住民］のリーダーがアメリカ人に嘆願を出したことを書いている。

兄弟よ、ここにひとつあなたたちがひどく非難されるべきことがある。穀物を桶に入れて腐らせ、そこから強い酒をつくる。それをわれわれの若者に売り、与える……その酒

ライフルを持ちウイスキーをこぼしながら笑う「インディアン」。1870年代の偏見に満ちた戯画。

の作用はわれわれにはとても悪い。はらわたを腐らせ、われわれの男たちをひどい病気にするからだ。

19世紀、アメリカは歴史家のウィリアム・J・ロラボーが言ったように「アルコール共和国」になった。1830年の平均的な男女（15歳以上）は年間9・5米ガロン（6リットル）の酒を飲んでいた（今日のアメリカ人は0・7ガロン（2・65リットル）の蒸留酒を毎年飲む）。安いウイスキーがどこでも手に入り、アメリカ人はそれをたくさん飲んだ。朝にウイスキー、客が訪ねてきたらいつでもウイスキー、子供が生まれたり誰かが死んでもウイスキー。ウイスキーは薬として奇妙な「治療」にも使われた。水腫に苦しむ患者に「日も夜も」ウイスキーとカラシの種、ビート、ホースラディッシュと茶色の卵殻を混ぜたものを飲み下させるというもので、もし健康が回復しなかったら、病人は「同じことを繰り返せ」とアドバイスされた。19世紀のアメリカ人ジャーナリスト、アン・ロイアルはアメリカ中部の東側を旅行して、そこで見たものにぞっとした。「ヴァージニアでは『もうたくさん』と言うくらいのウイスキーだった。オハイオも『もうたくさん』のウイスキーだった。テネシーは『もうたくさん！　もうたくさん！』のウイスキーだった！」

ウイスキーはまた、見苦しい役を選挙で演じた。ジョージ・ワシントンは1758年にヴァージニアで公職に立候補したとき、有権者に多量の酒を提供して当選した。ジェームズ・マディソンはのちにアメリカの第4代大統領になったが、1777年の州選挙では票をウイスキーで買うのを拒否して落選した。有権者に無料で酒盛りをさせるだけでなく、ウイスキーをおまけに渡すことが有権者を大事にしている証だと考えられていたのだ。

飲みすぎの結果は、歴史家のロラボーが説いたように、「妻への暴力、家族放棄、婦女暴行、それに大酒飲みとその家族を扶養するための公的基金からの支出」である。このようなたがのはずれた振る舞いを軽視するものもいた。ケンタッキーに住むトマス・ジョンソン・ジュニア（1760〜1820）はよく「ダンヴィル［ヴァージニア州の都市］の酔っ払い詩人」と呼ばれたが、自分の墓碑銘にこの戯《ざ》れ歌をつくった。

この大理石の墓の下
横たわる酔っ払いトムは果てない陰の下
しっかりつながれ、生命なく丸太みたい
グログ［強い酒の水割り］を飲んだので死んだみたい
ウイスキー・グログで息が詰まった
楽じゃない死に様に行き詰まった

アメリカ南部の不法ウイスキー製造。1867年。

もともと道徳的な成り立ちのアメリカ合衆国だが、広範囲に社会秩序の乱れがひどくなることに悩まされると、神を宣伝しグログを非難する禁酒協会が急速につくられた。人々は次々にこの組織に参加し、それにつれて酒の消費は落ち込んでいった。しかし禁酒グループは反アルコール・キャンペーンをなお激しく繰り広げた。数千万ものパンフレットを配って禁欲を説き、アルコールの恐怖についてしばしば滑稽なほどの話をして回った（酔っ払いが仕事中の事故で脚を失い、切断された脚をいかがわしい外科医に売って、その金で大酒を飲んだという話もあった）。別のパンフレットではアメリカの自由と自立の精神が引き合いに出された。酒を飲むことはキング・ジョージ［3世。アメリカ独立時のイギリス国王］の下での「卑屈な」生活、もしくは奴隷制度になぞらえられ、大酒を飲みつづける限り一生奴隷のままだと脅された。酒飲みは経済的に役に立つ市民ではないと非難されたのである。

酒飲み（「ウェット」と呼ばれた）の立場は、1875年の悪名高いウイスキー汚職事件でいっそう傷ついた。大きな蒸留業者たちが何百万ドルもの連邦アルコール税を免れるために政府の役人に賄賂を送ったのである。ユリシーズ・S・グラント大統領の個人秘書がまず起訴され、メディアと政治の騒ぎがこれに続いた。

ついには、蒸留業者と販売業者の中から、ウイスキーを「万能薬」と嘘をついて売り歩き、ウイスキーに泥を塗るものも出た。1900年6月14日付のワシントンDCのイブニング・タイムズは、「400万人が治った――失敗ゼロ」とうたう大きな広告を掲載した。デュフィのピュアモルト・ウイスキーは16万4326の赤痢と、33万1521のマラリアと、33万1246の「か弱き女性」を治した、とも書いてある。健康はたった一口から――「体調がすぐれないのは血流が悪いからです。刺激剤が必要です、デュフィのピュアモルト・ウイスキーを処方通りに飲みましょう。病気は治り、強すぎる薬で体が傷つくこともありません」

賽《さい》は投げられた――ウイスキーは不道徳、闇取引、犯罪の仲間入りをしたのである。

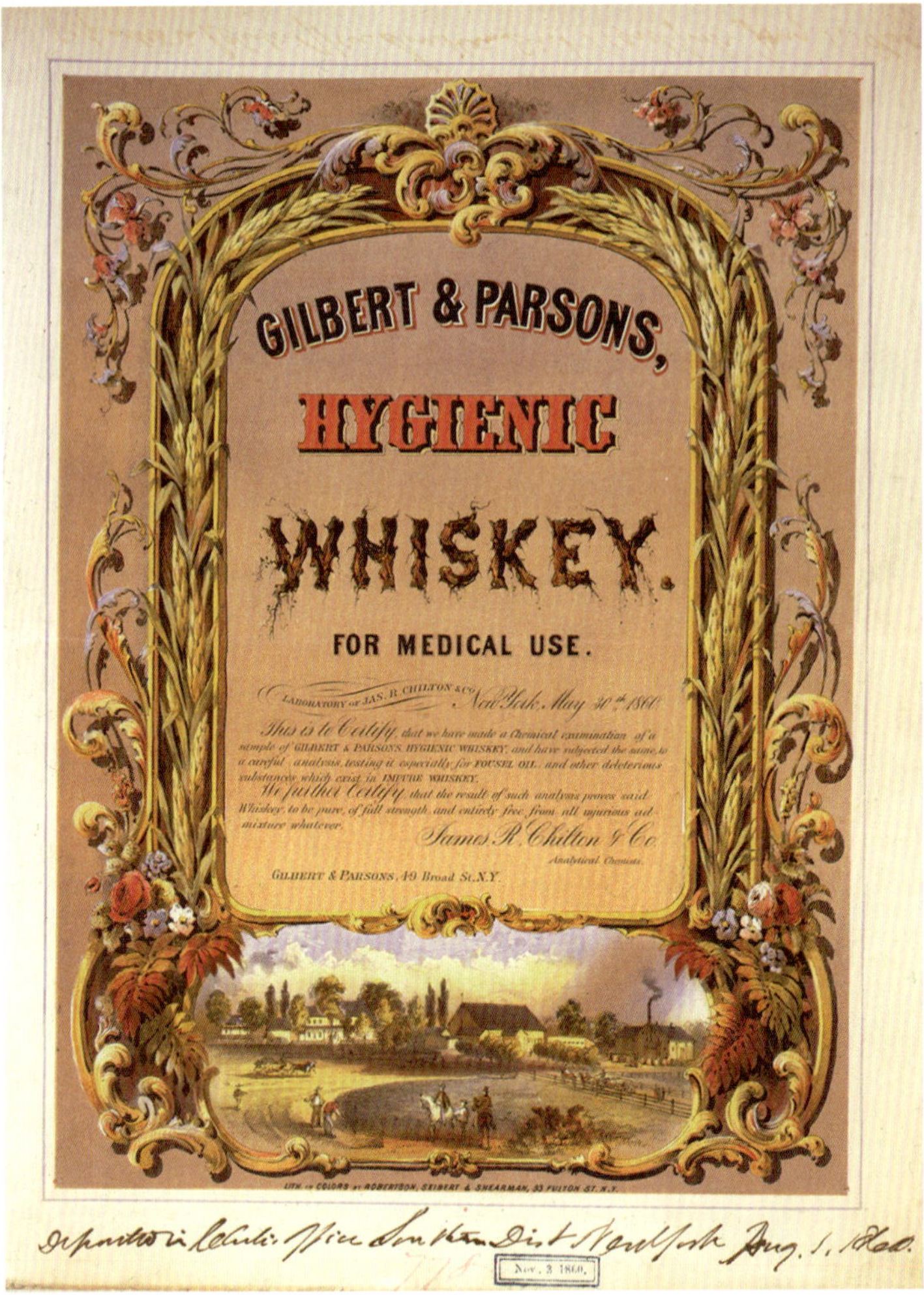

ギルバート・アンド・パーソンズの「衛生的」ウイスキーの広告。1860年代。

ネルソン蒸留所の奇妙にトルコふうなウイスキー広告

◉禁酒法――アメリカの愚行

第一次世界大戦の間、自由を愛するアメリカ人は国益のために政府が求める数々の犠牲の求めに応じた。言論の自由は制限され、農業と工業の生産物は政府に管理され、配給制となった。一般消費用のアルコール生産は急激に減り、蒸留所は戦争に使う工業用アルコールをつくるために使われた。

「あらゆる戦争を終わらせるための戦争」が終わったとき、禁酒グループはロイド・ジョージが拍手するような策略を用いた。戦時の酒類管理令を全面的なアルコール禁止令に転換するよう、政府に激しく陳情や根回しを行なったのである。

何年もの間、蒸留業者と酒飲みたちは反撃した。反・反アルコールの集会を組織し、新聞を使って、彼らの自由が熱狂的な少数派によって侵害されていると非難する声をあげた。ジョージ・ガーヴィン・ブラウン（１８４６～１９１７）という、ルイビル・ケンタッキー・ウイスキー・カンパニーを創業し、巨大蒸留会社ブラウン＝フォアマン・コーポレーションに成長させた人物は、著書『聖書は禁酒法を否定する *The Holy Bible Repudiates Prohibition*』（１９１０年）の中で、アルコール飲料をとることを支持しているように読める聖書の文句を引用してこう宣言した。「人を酔わせる酒を製造し販売することが、他のものを製造し販売することより道徳的に邪悪だということはない……人間はすべての行為において神に責任を負っているのだ。」

結果はむなしいものだった。「ドライ」と呼ばれた禁酒陣営では、連邦と地方の政治家たちに手紙と陳情書の山を送りつけ、ボルステッド法（1918年。国家禁酒法）と合衆国憲法修正第18条［飲料用アルコールの製造販売の禁止］を成立させるよう説き伏せたのだ。アルコール飲料は罪あるものとされ、その製造者と密売買者に向けて武装した捜査官を解き放つ権限が連邦政府と州政府の両方に与えられた。

禁酒法は合法的な酒類の入手を難しくしたが、ウイスキー瓶を不法ではなく手に入れる方法はいくつかあった。いちばん見え透いた口実は「医師の指示」だった。法律にはこう書いてあった。

なんぴともまず許可を得ることなく酒類を製造、販売、輸送し、あるいは処方してはならない……ただし医師に処方されたときに医療目的で酒類を許可なく購買あるいは使用する場合を除く……1パイント［約470ミリリットル（米パイント）］を超えない程度の内服用高アルコール酒類は患者が10日以内に使用するために処方され、処方箋による調合は1度しかしてはならない。

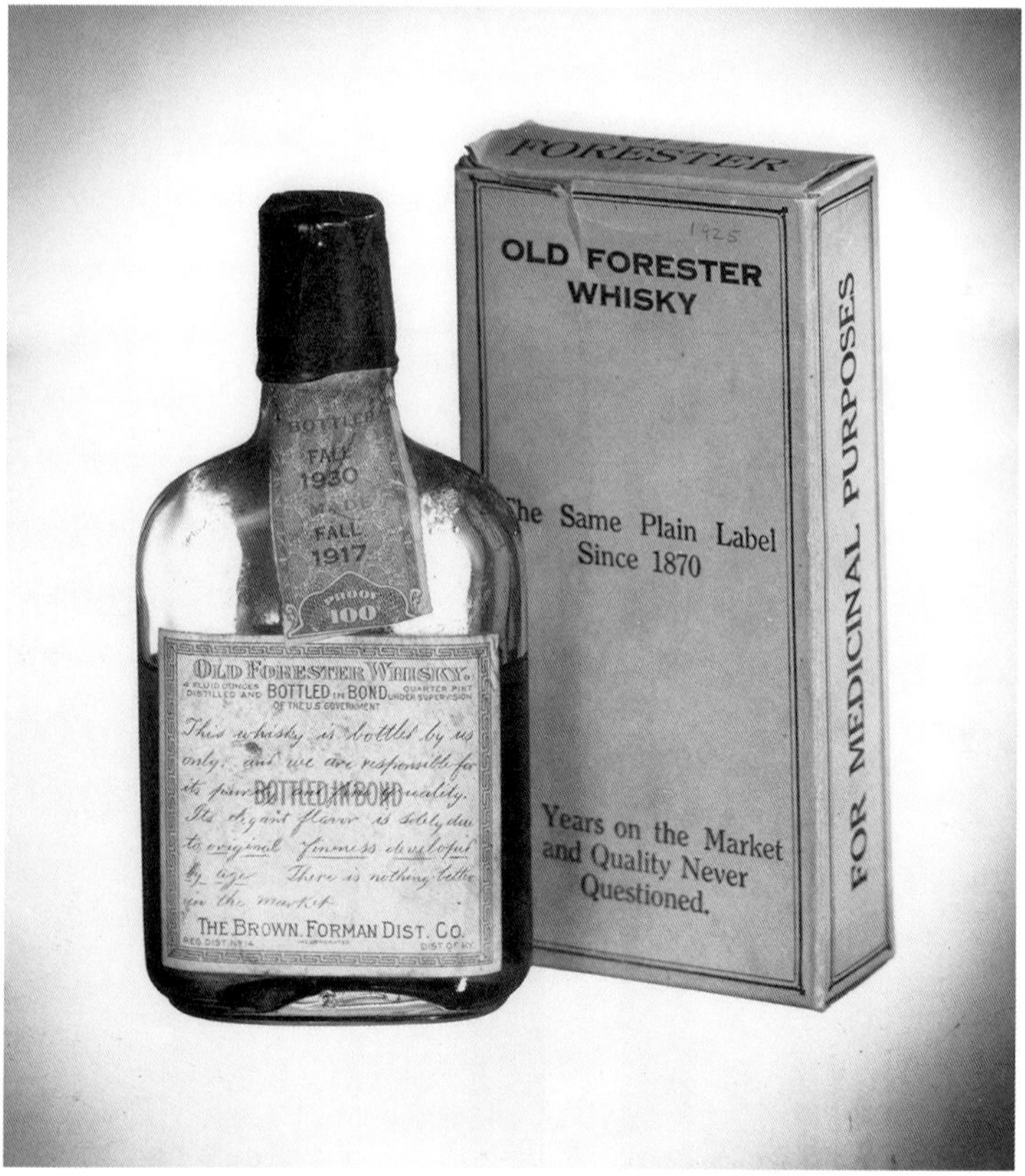

禁酒法時代の「薬用」ウイスキーの瓶。1930年頃。

アメリカ人著述家ハリー・クロル（1882～1967）は、法律の抜け穴を見つけ、かかりつけの医者の助けを得て酒瓶を手に入れた。「風邪、インフルエンザ、筋肉痛、便秘、下痢、ぎょう虫、痔のためにアルコールを処方してもらったのである。「1度ウイスキーをいんきんたむし（股部白癬《こぶはくせん》）に使ったんだけど、内服したほうが薬効が長続きして、それにずっと気持ちよかったんだよ」とクロルは語っている。クロルやその種の大酒飲みに供給するために、政府はアメリカン・メディカル・リカー・カンパニーという、ケンタッキーの蒸留所6社の共同企業体に免許を与えた。この企業体は140万米ガロン（530万リットル）という目の玉の飛び出るような量のバーボンを毎年乱造した。

禁酒法を実施するのは難しかった。人々はウイスキーを隠す巧妙なやり方を考え出した。政府の役人はジョニーウォーカー赤ラベルの長方形の瓶がパンの中に隠されて密輸されるのを見つけた。あいにくなことに、大陸国家アメリカは300万平方マイル［約750万平方キロメートル］以上の広大な陸地が続く国である。すべての土地ですべての人にアルコール飲料の製造をやめさせるのは行政上不可能だった。それを可能にするには何百万もの役人の部隊に捜索と差し押さえの無制限の権限を与える必要があっただろう。

1921年から1923年まで大統領だったウォレン・G・ハーディングは禁酒法をあざけった。熱心なゴルファーだったハーディングはゴルフ場でウイスキー・カクテルをよく飲んだ。首都の人間の多くも従わなかった。密輸人がメリーランドからライ・ウイスキーを持ち込み、バーボンがキャピトル・ビルの閉じたドアの奥でたっぷり飲まれた——ここは合衆国議会のビルである。ニューヨーク市ではもぐり酒場が繁盛した。つまり、密輸人がアイリッシュとスコッチのウイスキーを、小さなボートや、他の荷を運ぶ貨物船に隠して持ってくることが可能だったということだ。訴追を免れたい酒飲みはクルーズ船で沖の国際水域へ出た。そこではウイスキーも他の種類の酒も合法的に飲めるのだった。

アメリカ北部の住人は国境を越えてウイスキーを飲みに行った。当時の戯れ歌の断片が、彼らの連邦当局に対するいささかうやうやしさを欠いた態度をうまくとらえている。

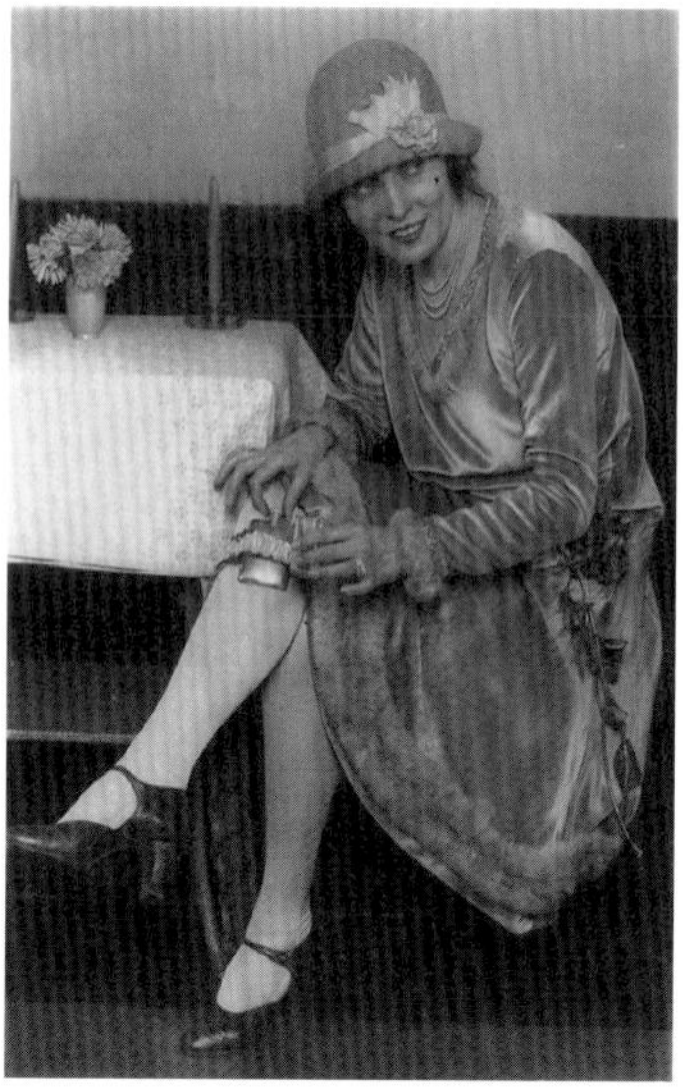

ウイスキーのガーター・フラスコを見せるダンサーのマドモアゼル・レア。1926年頃。

20と4人のヤンキーがちょっと渇いていて
ちょっとライを取ろうとカナダへ入っていった
ライが開けられたらヤンキーたちは歌い始めたわい
王様ばんざい、クーリッジなんて知らないわい

クーリッジはもちろん、ハーディングの後継者で禁酒法を実行しようとしたカーヴィン・クーリッジ大統領であろう［「王様」はジョージ5世イギリス王と思われる］。

カナディアン・ウイスキーもアメリカに流れ込むようになった。1930年2月のAP通信のレポートにはこうある。

大量のカナダのビールとウイスキーが車で運ばれている。カナダのオンタリオ州アマーストバーグから、凍ったデトロイト川の下流を渡り、ミシガン（アメリカ）側の国境線へ……車はドアをひとつ開けて運転される。もし氷に突っ込んだら運転手がすぐ逃げられるように。

カナダではウイスキーは18世紀からつくられてきた。初期の開拓移民の多くはスコットラ

トロント（カナダ）のグッダーハム・アンド・ワーツ蒸留所。1917年頃。

ンド出身で、彼らがエリー湖、オンタリオ湖、そしてトロント近くの地域に根を下ろした後、それほど時間が経たないうちに製粉所を兼ねた蒸留所が現れた。他の国と同じように、カナダの蒸留業は19世紀に工業化され、トロントのウォーターフロントのグッダーハム・アンド・ワーツのような巨大なウイスキー工場が建てられた。アメリカの禁酒法の実験には少なくともひとつの前向きの効果があった――カナダのウイスキー産業の成長に拍車をかけたのだ。カナディアン・ウイスキーはアメリカと接する広大な国境を越えてあふれだした。ハイラム・ウォーカー、ジョセフ・シーグラム、サミュエル・ブロンフマンのようなウイスキー・メーカーは、カナディアン・ウイスキーがもてはやされるうちに産業の巨人になった。カナディアンクラブは巨大ブランドになり、他のカナ

警察によるウイスキー密造者の追跡の結末。ワシントンDC。1922年。

ディアン・ウイスキーとともに1970年代まで「ライフ」「プレイボーイ」などのアメリカの主要雑誌で宣伝された。

そもそも愚かなものだったが、禁酒法にはさらにたちの悪い影響もあった。合法的なアルコール販売がまっさかさまに落ちこむと、アメリカ政府は数十億ドルの税収を失い、醸造業者も蒸留業者も群れをなしてビジネスから出ていった。そしてその裏で、悪質な犯罪者が酒の製造と密輸で富を得た。およそ4万5000人のアメリカ人が、無節操なギャングのつくった有毒な蒸留酒を飲んだために死んだり、慢性的な神経障害をわずらった。

ありがたいことに、アメリカ政府はこの異常な反アルコール政策の実験を1933年12月5日に終わらせた。アルコール愛好者は大砲から発射されたように、国じゅうで街の通りや酒場にあふれでた。税収入がアメリカの国庫に注がれ、労働者は飲料製造業の仕事に戻った。大恐慌の泥沼に沈んだ国にとって喜ばしいふたつの発展だった。

それでも、酒に関するアメリカの精神障害の痕跡は今日でも残っている。ジャック・ダニエルのテネシー州リンチバーグの蒸留所のパラドクスがいい例である。世界的に有名な「ジャック・ダニエル」を製造する名高い蒸留所には、何十万人もの観光客が訪れる。ところがこのウイスキー巡礼者の誰も、そこでは1瓶も買えないのだ。蒸留所はムーア郡にあって、ここは「ドライ」郡というアルコールの販売が禁止された場所なのである。ムーア郡はアメリカに500ほどあるドライ郡のひとつだ。また、アメリカ50州のうち14の州でいまだに「サバス［安息日］」（日曜日）の酒類販売が禁じられている。

また、ウイスキーの悪影響はアルコールの中でもとくに強調されつづけている。ウイスキー・ディック（インポテンツ）、ウイスキー・シッツ（下痢）、ウイスキー・フェイス（顔の血管の破れ）……。ウォッカ悪寒戦慄とかワイン認知症なんて聞いたことがないし、ビールに関する悪口は「ビール腹」だけだ。

アメリカのフォーク、ブルース、カントリー音楽は長い間ウイスキーは悪いものだというイメージを強化してきた。エイモス・ミルバーンの1950年の人気の曲、「バッド、バッド・ウイスキー Bad, Bad Whiskey」はシラフでいようとするがついウイスキーの誘惑に負けて家をなくしてしまう男を描いている。同じように、「もうお父さんにウイスキーを売らないで Don't Sell Daddy Any More Whiskey」（1954年）は、父親がウイスキーの暴飲にお金をつぎ込んでしまうので家族が飢える歌だ。曲の結末では赤ん坊が哀れに泣き叫ぶのである。他のアメリカのウイスキー非難の歌は告白調だ。歌手はたいてい失恋のために寂しく酔いつぶれる。ジョン・リー・フッカーの「ワン・バーボン、ワン・スコッチ、ワン・ビアOne Bourbon, One Scotch, One Beer」（1966年）とハンク・ウィリアムズ・ジュニアの「ウイスキー好きと地獄行き Whiskey Bent and Hell Bound」（1976年）も同類だ。お騒がせで有名なアメリカのアーティストにはウイスキーの悪をクール［冴えている］、つまり自分たちの「反逆者」のライフスタイルをあらわすものだとする者たちもいた。歌手ジャニス・ジョプリン（1943〜1970）は、よくステージに2脚のスツールを置いた。ひとつには彼女がすわり、もうひとつにはサザンカンフォート（蒸留酒にフルーツやハーブを加えたリキュール）の瓶が<u>すわる</u>のだ。ロック・グループ、ヴァン・ヘイレンのメンバーとして、マイケル・アンソニー（1954〜）はジャック・ダニエルの瓶の形をしたベースギターを弾き、ときどき瓶からぐいと飲んだ。ジャーナリストのハンター・S・トンプソン（1937〜2005）はバーボンのワイルド・ターキーの瓶をそっくり空け、ケンタッ

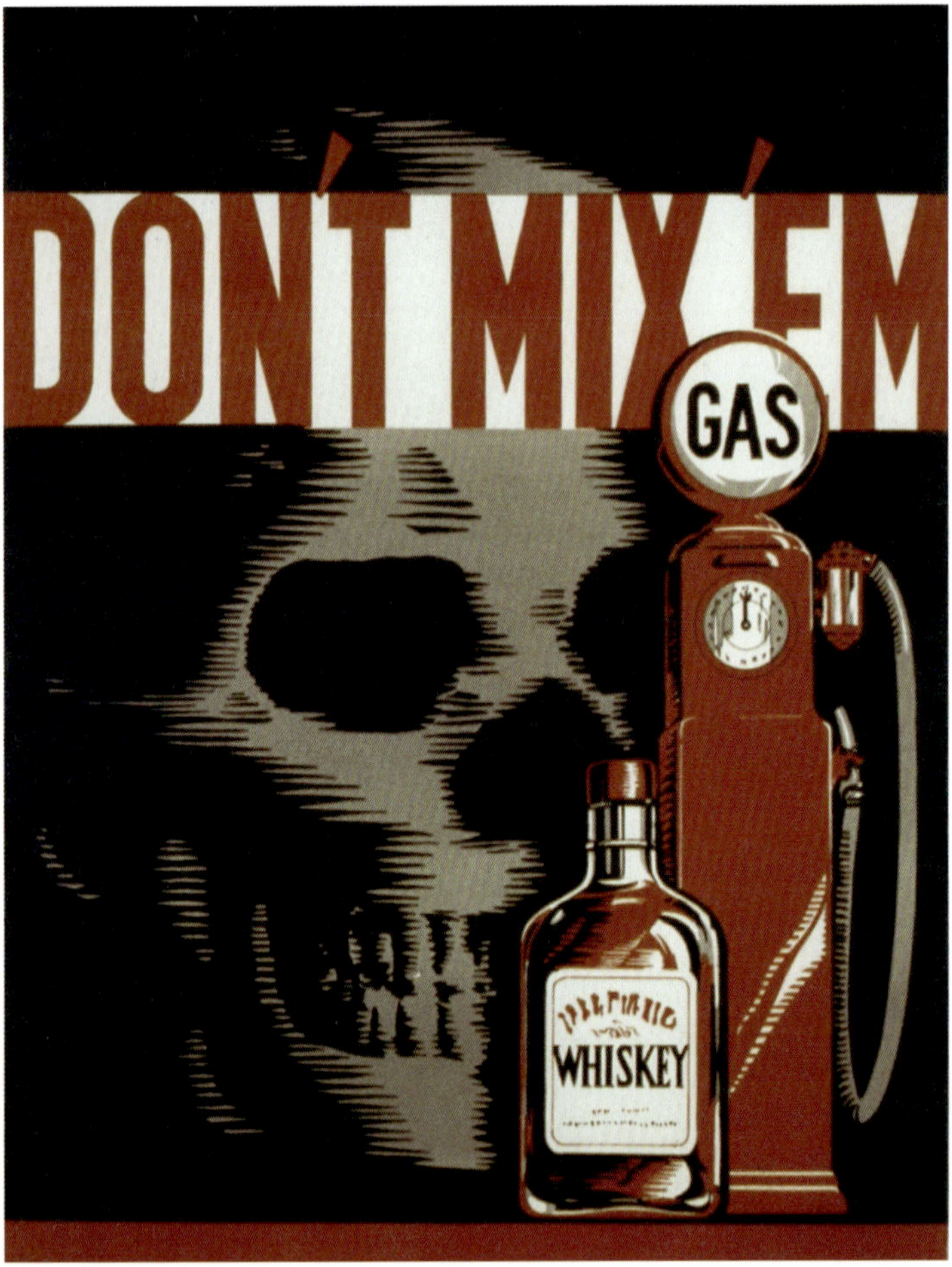

飲酒運転に対して警告するアメリカ政府のポスター。1930年代中頃。

キー・ダービー競馬のようなイベントでは大騒ぎし、ウイスキーのタンブラーを握りしめながら運転する自分の姿をよく描いた。

◉復活とバーボンの隆盛

禁酒法の終わりはアメリカのウイスキー産業に幸福な日々の始まりを運んではこなかった。ケンタッキーの蒸留所の半分は永久に失われ、全国的には小さなウイスキー製造会社のほとんどが製造を再開できなかった。しかも、縮小してしまった産業が再開したそのわずか10年後にはアメリカが第二次世界大戦に突入することになり、蒸留所は戦争に使うモルタルなどの物資をつくるための工業用アルコールの製造に転換しなければならなかった。

加えて、禁酒法はアメリカの酒飲みたちの好みを密売人でも簡単に乱造できる軽い風味の蒸留酒、ジンやウォッカのようなものへ変えてしまっていた。ウイスキーと言えるものはカナダからくることが多かったが、これもまたとてもライトボディで、ウイスキーと中性スピリッツ（濃縮エタノール）を混ぜたものだった（スコットランドからも輸入された）。このことは金《かね》に飢えたアメリカのウイスキー・メーカーに追いつけ追い越せの動きをさせることになった。市場シェアを取り戻すためには、ふたつの選択肢があった。スコッチ・ウイスキー

アメリカ政府の蒸留液物品税スタンプ。ノブ・クリーク蒸留所。1950年。

のサルまねをするか（ほとんど不可能）、若くて口当たりのいいカナディアン・スタイルのウイスキーをどんどんつくるか。彼らは後者の道を選んだ。しかしそれは、ライ・ウイスキーがほとんど消滅するということを意味した。ピリっとして豊かなアロマとくっきりした味わいの、植民地時代からつくられてきた蒸留酒だったのだが。

振り返ってみると、味の濃いウイスキーから転換して「大将ごっこ［大将になった子供の動作をまねる遊び］」のように先行する会社のまねをするというアメリカ蒸留業界の決定は、無理もなかったが戦略としては疑問の残るものだった。彼らは以前うまくやっていたことを捨てたのだけれど、軽い蒸留酒を欲しがるアメリカ人はカナディアン・ウイスキーを買い続けたし、それで7－7（シーグラムのセブンとセブンアップ）のようなミックス・ドリンクをつくって、がぶ飲みしたのである。あるいは彼らはウォッカを買った。息が酒臭くならない「クリーン」で「ピュア」な蒸留酒として酒造会社が売り込んでいたのだ。もっと風味の濃い酒を欲しがる消費者はブレンデッド・スコッチを買った。これはハイクラスな輸入品であり、飲む人にステイタスを与えるものとして売られていた。

1980年代になると、アメリカン・ウイスキーの状況は好転し始めた。ジュリア・チャイルド［アメリカの有名な料理研究家］がアメリカ人に「フランス料理の技を身につけること」を教えるようになってから、質の良い食べ物と飲み物を求める動きが定着した。人々はなぜこれほど多くの食べ物が調理済みのつくり置きや缶詰なのかと自問しはじめ、もっとおいしくてヘルシーな食事への期待にうっとりした。カリフォルニアのワイン醸造業者は、長い間ジョッキで飲むような安ワインをつくると思われていたが、ワールドクラスのワインをつくり始めた。地ビール醸造者はモルトとホップのあふれでるようなクラフトビールを武器に、ミラーやアンハイザー・ブッシュという大ビール会社に対抗した。

アメリカの蒸留業界はこのような動きについていくのは最初は遅かったものの、追いついた時期がよかった。1960年代と1970年代はアルコールと麻薬がはびこった時代で、国民はうんざりしていた。酒類の個人消費は1948年から1978年までの間に年0・

7米ガロン（2・65リットル）から1・07ガロン（4・05リットル）に伸び、2006年には0・71ガロン（2・69リットル）に落ち着いた。自由に使えるお金がそれまでになく増えて、アメリカ人は「飲む量を減らして、いい飲み方をしよう」という考え方を受け入れやすくなったのだ。

産業の整理統合のために、アメリカン・ウイスキーの製造元の多くはケンタッキー州とテネシー州に移っていった（禁酒法直前には、イリノイ州とインディアナ州はケンタッキー州より多くの酒をつくっていた。60年後、ケンタッキー州はインディアナ州の4倍、イリノイ州の15倍のウイスキーを生産した）。蒸留業者はふたつのタイプのウイスキー生産にエネルギーを振り向けた。テネシー・ウイスキーとバーボンである。

テネシー・ウイスキーはふたつの蒸留所だけでつくられている。小さいが高品質のジョージ・ディッケル蒸留所と、ブラウン＝フォワマン・ゴライアスすなわちジャック・ダニエルの蒸留所だ。テネシー・ウイスキーは、樽で熟成する前に［サトウカエデの］木炭で濾過する点でバーボンとは異なる。ジャック・ダニエルの販売は1998年から2007年の間に65パーセント伸びた。

一方バーボンは、多くの会社でつくられるが、そのほとんどがケンタッキーにある。ライ・ウイスキーとテネシー・ウイスキーを飲む人にはとてもがっかりさせられる話だが、バーボン・ウイスキーはますますアメリカの蒸留酒の代表のように見られている。一面ではこれはもっともなことで、トウモロコシの蒸留液を内側を焦がした樽で熟成させるというのはアメリカで始まったのである。言うまでもなく、バーボン業界はこの見方を支持するし、バーボンの支持者は１９６４年に合衆国議会がこう宣言する決議を法制化したことを指摘したがる。バーボンは「合衆国特有の産品である……世界中で認められ、受け入れられてきた」。その通りだ。ただし部分的にである。決議全体は必ずしもバーボンをアメリカの正式なウイスキーと命名するものではない。むしろ、保護貿易の要求である。決議はこう結論する。

合衆国議会の意図するところは、バーボンが合衆国特有の産品であるという認識が合衆国政府のしかるべき機関に留意され、該機関が「バーボン・ウイスキー」と表示されたウイスキーの合衆国への輸入を禁止すべく適切に対処するに至ることである。

とはいえ、アメリカ合衆国議会上院は最近、９月を「バーボン歴史月間」とし、バーボンを「アメリカ原産の蒸留酒」とすることを宣言した。

この公式な承認のメリットがなんであれ、消費者は明らかに製品に満足している。バーボンの生産は１９９９年から10年ほどで倍増し、輸出も伸びている。この成長の多くは「プレミアム化」——高価でより洗練されたウイスキーの販売で加速された。ウッドフォード・リザーブに例をとれば、過去5年間の販売量は平均で年24パーセントずつ増加したのだ。

アメリカのすべてのウイスキー・メーカーが、賢くも、高級酒をどんどん売り出している。昔からあるブラックラベル・オールド・ナンバー7（22ドル）に加え、ジャック・ダニエルは現在ジェントルマン・ジャック（30ドル）とジャック・ダニエル・シングルバレル（50ドル）を出している。ジム・ビームはホワイトラベル・バーボン（22ドル）で知られるが、高級バーボンのラインも揃えていて、そこにはノブ・クリーク（35ドル）、ベイカーズ（40ドル）、ベイゼル・ヘイデン（45ドル）とブッカーズ（60ドル）が含まれる。小さな蒸留所にもエキゾチックな製品がある。ザ・オールド・リップ・ヴァン・ウィンクル蒸留所は20年もののパピー・ヴァン・ウィンクル・ファミリー・リザーブ（１００ドル）を出している。

そしてライ・ウイスキー好きに希望の輝きがかすかに見えてきたようである。長年、オールド・オーバーホルトとジム・ビームがつくるライ・ウイスキーしか見当たらなかったし、売っている店を探し出すのも大変だったが、この10年の間に新しいライ・ウイスキーが出てきたのだ。リッテンハウス（15ドル）、サゼラック6年（25ドル）、オールド・ポトレロ・シングルモルト（60ドル）とヴァン・ウィンクル・ファミリー・リザーブ13年ライ（75ドル）だ。

第6章◉21世紀のウイスキー・ワールド

21世紀のウイスキー・ワールドはポストモダンの世界だ。かつてシンプルだったこと――穀物が酒になりほとんど地元の酒飲みに売られる――が、難しくて複雑なものになってしまった。ウイスキーは世界に広がった。何億もの潜在的な客が何十億ドルものお金を世界中でつくられたウイスキーとウイスキー関連商品に使おうとしている。そしてある種の人々には、ウイスキーは今や単なる商品ではなく、賞賛と崇拝の対象になったのだ。

◉ウイスキー産業に参入する国々

スコットランド、アイルランド、カナダとアメリカだけがウイスキーをつくる国ではない。

北海道の余市蒸留所。2006年。

半世紀以上前に、日本はスコッチタイプのシングルモルトウイスキーをつくるビジネスにとびこんだ。日本のブランドは次々に増えた——山崎、響《ひびき》、白州《はくしゅう》、余市《よいち》、竹鶴《たけつる》。その他にも数多くあり、品質がとても高い。オーストラリアも同じである。ベイカリーヒル「ヴィクトリア州」（１９９０年代に創立）、ラーク・ディスティラリー「タスマニア州」（１９９０年代初期に設立）、グレート・サザン・ディスティリング・カンパニー「西オーストラリア州」、ヘラーズ・ロード・ディスティラリー「タスマニア州」、その他がある。

　これだけでも十分だろうが、近年はチェコ、ドイツ、ニュージーランド、スペイン、トルコでもウイスキーはつくられてきた。パキスタンのラワルピンジにあるザ・マレー・ブルワリー社は、8年ものと12年もののポットスチル製で大麦ベースのウイスキーをつくっている。1999年、マクミラ・ウイスキー蒸留所がスウェーデンのストックホルム北方140マイル［約220キロ］に出現した。ピートを使い、スウェーデン・オークの樽で熟成したウイスキーをつくっている。

ぎょっとさせられるのは、タイの会社がコブラ・ウイスキーを一時つくっていたことである。米をベースにした蒸留酒で、朝鮮人参とトウガラシ、そしてコブラの子供が瓶に詰められていた。スピリッツ・レビュー・ドットコムのクリス・カールソンの描写によれば、コブラ・ウイスキーは「魚のような辛い味」で、口がしびれ、「四肢がひりひり痛む」という。

◉加速するグローバル化

1世紀かもう少し以前、仮にマクノートという男が「マクノート・ウイスキー・カンパニー」を所有していたとしよう。この会社はオーナーの名前を冠した「マクノート蒸留所」をもち、「マクノート・ウイスキー」を製造してもっぱら地元の客に売っていたことだろう。グローバリゼーションの進展が企業、蒸留所、ブランドや市場の簡単素朴なつながりをバ

タイのコブラ・ウイスキー

ラバラにした。アメリカの代表のようなバーボン・ウイスキー、ワイルド・ターキーはこういうポストモダン現象の一例である。

ワイルド・ターキーのラベルのてっぺんには「Estd. AN 1855」と記してある。「オースティン・ニコルズ Austin Nichols」という文字がその下にあり、「ワイルド・ターキー Wild Turkey」の文字はさらに下に印刷されている。消費者はこれを、オースティン・ニコルズ蒸留所がワイルド・ターキー・ウイスキーを1855年から製造してそのほとんどをアメリカ人に売ってきた、と解釈することだろう。事実は、ケンタッキーのローレンスバーグ（人口9014人）にあるワイルド・ターキー蒸留所は、イタリアのグルッポ・カンパリ社に所有されていて、この会社はここをフランスのペルノー・リカール社から2009年初頭に5億7500万ドルで買収したのである。ワイルド・ターキーは200万米ガロン（750万リットル）を世界中の40か国に売っている。では、「オースティン・ニコルズ」とは？　それは過去の名残り——1855年はオースティン・ニコルズ食料雑貨店が商売を始めた年なのだ。

もうひとつ別の例を見てみよう。アイリッシュ・ウイスキーのジェムソンがいちばん出るバーはどこか？　アイルランドの大ミドルトン蒸留所の近く？　いや、アメリカ中西部ミネソタ州ミネアポリスのアイリッシュ・パブ「ザ・ローカル」だ。ここはアイルランドの血統を主張する人口が7パーセントを切るミネソタ州。このパブの客は2008年に1600米ガロン（6000リットル）、つまり1日にボトル22本をほとんどカクテルにして飲んだのである。

●さまざまな関連製品

グローバリゼーションはウイスキー・メーカーにはよしあしだ。顧客が増えた分、利益も増えることになる。しかし以前より競争も増える。自分のブランドのパブや酒屋での地位は安泰だとのんびりかまえていられるウイスキー・メーカーなど存在しない。そのため、細分化するマーケットに合わせた新製品が次々に市場に送りこまれるようになっている。

ボトリング（瓶詰め）業は、少なくとも19世紀、商人がウイスキーを買って自分のブランドをつけて売ったときからずっと行なわれてきた。今日では、ボトリングの専門業者はウイスキーの入手先を隠さず、むしろそれを売りものにする。彼らが狙うのは、レアものを求める客だ。だから、有名なメーカーからウイスキーを買い、手元に留めておいて、ちょっと変わった年数とアルコール度数で瓶詰めし、売る。100ドルのグレン・タイトを例にとろう。マッカランは多種類のウイスキーを売ってはいても、その中に19年ものというのはない。この特別なスコッチはアメリカのサムズ・クラブ・ウェアハウス・ストア「アメリカのウォルマートが設立した会員制スーパーマーケット」で買い物をする個人だけが入手できる。ボトリング専門の会社は多い。ゴードン・アンド・マクファイル、マレー・マクデヴィッド、スコッツなどはよく知られた名前だ。独立ボトリング市場に新しく参入したウェミス・ヴィンテージ・モルトは、ウイスキー・ライターのチャールズ・マクリーンを雇って樽を選ばせた。ウェミスのウイスキーはおおむね1瓶75ドル以上で売られている。イギリスでは25ポンド以上である。

　これまで見てきたように、国と民族的アイデンティティとウイスキーの種類との関係は、

グレンタイト19年マッカラン・シングルモルト・スコッチ・ウイスキー

ウイスキーそのものと同じくらい古い。私たちは今でも「アイリッシュ・ウイスキー」と呼んだり、「スコッチ・ウイスキー」と呼んだりしている。製造会社の経営者がアイルランド人やスコットランド人でなくても、相変わらずそう呼ぶのである。

　最近、新顔のウイスキーが登場した。一時的に、ＪＢＢグレーター・ヨーロッパ社（現在のホワイト・アンド・マッカイ社）が厳格派ユダヤ人のためのハマシュケ（Hamashkeh）ウイスキーをつくったのだ。このウイスキーは、コーシャ・ラベル［「コーシャ」とはユダヤ教の戒律に基づく食の規定。この規定に従っている食品だけが「コーシャ・ラベル」を貼ることができる］に要求される厳格な基準を確実に満たすため、スコットランドのインヴァーゴードンでブレンドされるときとグランジマウスで瓶詰めされるときにラビ［ユダヤ教の聖職者］が立ち会っている。似たようなものがアメリカにも現れた――オールド・ウィリアムズバーグ・ナンバー20は3年もののバーボンだ。このコーシャ・ブランドは、ニューヨーク・ブルックリンの正統派ユダヤ人が多数住んでいる地区にちなんで名づけられた。さらに多くのコーシャ・ウイスキーが出てきそうだ。アイルランドのクーリー蒸留所はコーシャの認証を得た。今のところまだコーシャ・ウイスキーを出してはいないけれど。

　多くの人を驚かせたのは、１９９６年にクエンティン・クリスプ・シングル・カスク・ウイスキーがイギリスで発売されたことだった。それ以前には、ホモセクシュアルの消費者に向けて製品を売り出した蒸留酒メーカーはわずかしかなかった。クリスプ・シングル・カスクはその最初の動きになった。このブランドは現れるとまたたくまに消えてしまったが、より個性的で特定の帰属意識に合わせたウイスキーの先駆けとして認められることだろう。

たとえばメーカーズ・マーク・バーボンは、ケンタッキー大学バスケットボール・チームとケンタッキー・ダービーのファン、それに慈善事業グループに向けた限定版の瓶を製造した。この蒸留所を訪れた人は、自分個人のメーカーズ・マークの瓶をつくれる。名前と日付を記し、瓶の首を熱いロウの大桶に手で浸すのだ。他のウイスキー・メーカーも特定の休日や特別な日を祝う人（すでに西暦２０００年をテーマにしたウイスキーが出たのはご承知の通り）や、特定の社会運動や趣味に熱心な人に向けた限定版ウイスキーをつくることが大いにありそうである。

多くの蒸留所では、愛飲家に先物のウイスキーを売っている。客はウイスキーを熟成する樽を指定するための代金を払い、いつ樽から出して瓶に詰めるかを決めることができる。いくつかの蒸留所、ワシントン州のエレンズバーグ蒸留所などは、その瓶に個人別のラベルまで貼っている。

ウイスキー純粋主義者はしばしば、ウイスキーを楽しむにはスチルか樽から直接飲む以外は認めないかのように振る舞う。ウイスキーになにか他のものを混ぜるという考えに軽蔑をあらわすのもよくあることだ。しかし第2章で見た通り、もっとも初期の記録ではウイスキーをハーブやハチミツその他と混ぜた蒸留酒と説明していたのである。ウイスキー・リキュール［甘味と香料の強い酒］の流行は長い年月の間に花開いたり消えたりしたけれど、また春がきたようだ。ドランブイ・リキュール、アイリッシュ・ミスト、ベイリーズのような昔からあるブランドは、いまもバーや酒屋の棚のスペースを確保しているし、アイリッシュ・ウイスキー・リキュールのケルティック・クロッシングやワイルド・ターキーのアメリカン・ハニー・リキュールなどの新しい混合ドリンクも出てきた。２００９年、ビーム・グローバル・スピリッツ・アンド・ワイン社がレッド・スタッグというバーボンベースのリキュールを新発売した。これはブラック・チェリーを漬け込んだものである。

リキュールと同様に、ウイスキー・メーカーは別の飲み物を混ぜた製品の販売で成功をおさめてきた。考え方は簡単――カクテルをつくる手間をはぶくために瓶の中でカクテルをつくっておこうというのだ。ジャック・ダニエルはおそらくそれを最初に大きなスケールで試みた会社で、１９８０年代後半にジャック・ダニエル・カントリー・カクテル（リンチバーグ・レモネード、ブラック・ジャック・コーラなど）を出した。

ウイスキーにまつわるその他の商品も見られるようになった。熱心な愛好者のいるブランドが関連製品を売り出すようになったのである。それらは、粗品として配られる安物のキー

ポップ・ミュージシャン、キッド・ロックとNASCAR［アメリカのカー・レース］のドライバー、ロビー・ゴードン。ジム・ビームのマーケティング・マシンの一員だ。

ホルダーとか、パブのオリジナルコースターなどのバーグッズのレベルをはるかに超えている。ウイスキー愛好家は実際にお金を、それも多額のお金をこれら関連製品のために払うのである。これらの品物はブランドの宣伝のためにつくられるのではない。むしろ、既存の熱烈な顧客のブランドへの愛着につけこむ意図がある。バーボンの大生産者ジム・ビームはこのゲームのエースだ。そのファンはジム・ビームのソース（バーベキュー、辛味、マリネ、ステーキ、鶏手羽）を買えるし、ジム・ビーム・サルサもジム・ビーム・ビーフジャーキーもある。食品だけでこれだけある。その他にジム・ビームの服（Tシャツ、ボクサーショーツ、ジャケット）も、ホームウェア（カフェ・

テーブル、ディレクターズ・チェア、グリル用品、壁掛け、家庭用の回転する看板等々）もある！

●賞賛と崇拝

祭壇にひざまずく者を満足させるために、世界各地にウイスキーの神殿がそびえ立った。ケンタッキー州レキシントンのザ・ブルーグラス・タバーンは168種類ものバーボンを出すバーだ。東京のザ・バー・カスクは極めてレアなスコッチ・ウイスキーを大量にコレクションしており、その中にはブラック・アンド・ホワイトとオールド・パーのかなり昔の瓶もある。スコットランドのエディンバラにあるケイデンヘッド・ウイスキーでは200種以上のスコッチを売っている。シカゴのビニーズ・ビバレッジ・デポは500種以上のあらゆるタイプのウイスキーを出す。世界中のウイスキー蒸留所がドアを蹴り開け、喉が渇いた人間の大群を迎えるためにビジターズ・センターを建てている。

グレアム・グリーンの1940年の小説『権力と栄光』の中に、「ウイスキー坊主」すなわち呪われたプライドのために神から離れて放蕩に落ちる司祭が登場する。現代のウイスキー坊主はダンテの『神曲』のウェルギリウス［主人公を冥界に案内する師］のタイプにより近い。

チャールズ・カウダリー、ジョン・ハンセル、チャールズ・マクリーン、ジム・マレー、ゲイリー・リーガン、ゲイヴィン・スミスなどのライターが、新参者にウイスキーの「なにを、なぜ、いかに」を教えるのである。彼らの文章は『モルト・アドヴォケイト』『ウイスキー・マガジン』『ザ・バーボン・カントリー・リーダー』『ザ・ウイスキー・ライフ』などの雑誌や、多くのオンライン・パブリケーションに掲載される。酒飲みたちは彼らの本をむさぼり読み、フェスティバルに群がっては司祭たちのウイスキーについての長々しいお説教を聞くのである。

世界中のウイスキー狂をさらに満足させるためのイベントや体験ツアーも目白押しだ。パブではテイスティング［利き酒］教室が開催され、前述のウイスキー坊主の何人かは個人でサンプリング［樽からウイスキーを少量取り出して味見すること］を指導することもある。北米やヨーロッパでは何百人も集まる集会――シングルモルト・アンド・スコッチ・ウイスキー・エクストラバガンツァ［アメリカ全域］、ウイスキー・フェスト［サンフランシスコ］、ウイスキー・ライブ［全世界］その他――が催される。スコットランドの蒸留所を訪れる人は年間120万人にも達し、年1回のケンタッキー・バーボン・フェスティバルには、1ダース以上の国から5万5000人ほどの観光客が人口わずか1万のケンタッキー州バーズタウンに集う。

今日でも、1リットル10ドルもしくは15ポンドのウイスキーもないことはないけれど、それらは軍団のようなラグジュアリー・ウイスキーに押しのけられてしまった。最初はシングルモルト・スコッチ、次にブレンデッド、そして今はアイリッシュ、バーボン、ライ・ウイスキーがツヤツヤしたスマートな瓶に入れられて1瓶40ドル（30ポンド）かそれ以上の値札をつけている。

最近は、大量のレアものウイスキーを売るためのオークションが開かれ、値段は信じられる範囲を平気で超えることも多い。アイルランドのガルウェイのナンズ・アイランド蒸留所は1913年に閉鎖されたが、そこでつくられたウイスキーの未開封の一瓶が数年前に現れたとき、入札はなんと15万ドルから始まった。各地の蒸留所はこのトレンドに気づき、倉庫から昔のウイスキーをどんどん掘り出してきた。ダルモアは黒の陶器に入った50年もののウイスキーを1万2000ドルで売り出した。「ザ・マッカランズ・ファイン・アンド・レア1926年」は一瓶3万8000ドルの値をつけた。読者を刺激するために、ウイスキー関連の出版物は定期的に目の玉の飛び出るような値段のスーパー・レア・ウイスキーのレポートを写真入りで掲載する。これは一種の「ウイスキー・ポルノ」だ。読者を興奮はさせるが、大多数はそんなウイスキーは買わないし、買う余裕もない。

しかし、それだけの余裕があるラッキーな人が、少数だがいる。世界の反対側にいるふたりが一躍時の人になった。

イタリアのヴァレンティノ・ザガッティは、数にして数千の19世紀後半にまでさかのぼるスコッチのコレクションを有している。彼のコレクションはあまりにも堂々としたものなので、イタリアのフォルマグラフィカ出版社はかなり大判のザガッティ所蔵品の写真集を2冊刊行した。『ザ・ベスト・コレクション・オブ・モルト・スコッチ・ウイスキー *The Best Collection of Malt Scotch Whisky*』(1999年)と『ザ・ベスト・コレクション・オブ・モルト・パート2 *The Best Collection of Malt Part 2: Whiskies and Whiskies*』(2004年)だ。

もうひとりは、英語圏のウイスキー・ワールド全域で「ハーヴェイ」という名で知られる男である。ある実業家の財産を相続したと称するこのウイスキー大好き人間は、ワシントンDCの中心部にある瀟洒な家の部屋から部屋に所狭しとウイスキーの瓶を並べている。新しく入手したものの箱が数日おきに届くと、ハーヴェイは念入りにカタログをつくり、味見し、等級をつける。コレクションの価値は計り知れない。私はかつてハーヴェイを訪ねたとき、あまり知られていないスコッチのブランドの味を教えてくれるよう頼んで彼を困らせようとしたことがある。彼は私を部屋から部屋へ引っ張っていった。ものの数分のうちに、私の目の前に14本のウイスキーが並んだ。気前よくもっと取れと彼は私に勧めながらも、ひと晩で全部テイスティングするには多すぎるかもしれないねと(極めて適切に)注意してくれた。

ハードコアのウイスキー・ファン——少数ではあるが次第に増えているウイスキー純粋主義者たち（復古主義者でもある）——の間で、ある「反発」が高まっている。「反発」とは、今日ウイスキーと呼ばれるものを軽蔑し、あまり上品に磨きあげられたものではなく、もっと「正統的な」ものを求める傾向のことだ。その傾向は「カスク・ストレングス」で提供されるウイスキー販売の上昇に見ることができる。「カスク・ストレングス」とは、樽ごとに違う品質を平均化して飲みやすくするための作業をしないで、すなわち、80プルーフ［アルコール度数40度］程度になるまで加水したり濾過したりせずに、ひとつの樽だけから瓶詰めされたウイスキーのことを言う。

また、ウイスキーのマイクロ・ディスティリング（小規模蒸留）の急上昇にもそれが読み取れる。１９７０年代に始まったマイクロ・ブルワリー運動によく似て、生産能力の小ささ、地元で育った有機穀物の使用、ポットスチルと「旧世界の」職人技を用いることを、マイクロ・ディスティラー（小規模蒸留業者）は売りものにするのである。アメリカはこの活動が活発である。この種の生産者にはヴァージニアのベルモント・ファームとワスマンド、カリフォルニアのシャーベイとセントジョージ、オレゴンのマッカーシー、コロラドのストラハン、ニューヨークのタットヒルなどがある。

驚いたことに、この「ルーツに帰ろう」という運動は、アイルランドのポチーン（密造ウイスキー）の市場への再登場をうながすことになった。その道筋はバンラッティ・ミード・アンド・リキュール・カンパニー（クレア州）とノッキーン・ヒルズ（ウォーターフォード州）によってつけられた。両方のポチーンとも未熟成で無色透明。バンラッティは80プルーフ［40度］あるが、ノッキーン・ヒルズは3つのストレングスでつくられている。120プルーフ［60度］、140プルーフ［70度］、そして目をむくような180プルーフ［90度］。売れ行きはまあまあだが、伸びている。1世紀弱前、イギリス政府はポチーンの製造をつぶすために武装部隊まで動員したのだから超現実的な激変というべきだろうが、今ではノッキーン・ヒルズの瓶がヒースロー空港のターミナル3で売られている。

ウイスキー・メーカーと広告会社は「ウイスキーの古き良き時代」について語りたがるものだが、私が本書で明らかにしたかったのは、ウイスキー飲みには今よりいい時代はなかったということである。

政府の賢明な行動によって、また資本主義社会の競争を通して、ウイスキーはかつてなく良いものになっており、世界中の消費者はより多くの、そしてより良い品質のウイスキーを入手できるようになった――南アフリカの女性は今夜の来客をもてなすためのスコッチをすぐ近所の店で選ぶことができる。ブラジルのバーに腰掛けている男性はラップトップ・コン

スチルに座るベルモント・ファーム蒸留所経営者のチャック・ミラー。2008年、ヴァージニア州カルペッパー郡。

ピュータを使って、シカゴの食堂にいる友人にアイリッシュ・コーヒーをウェブサイト経由でおごってあげることができる。ドイツの友人仲間は自分たち専用の樽をスコットランドの蒸留所から買うよう手配できる。

このなんでも選べる楽しさのために、祝杯をあげようじゃないか——ウイスキーに、そしてすばらしい生活に！

謝辞

この本を書く機会を与え、励まし続けてくれたリアクション・ブックス社の「エディブル・シリーズ」編集者アンドリュー・F・スミスに深く感謝する。鋭い目と熱い心によって編集を助けてくれたリアクション・ブックスのマイケル・リーマンとマーサ・ジェイ、この本を執筆中の私にうちとけて耳を貸してくれたアメリカ合衆国議会図書館のR・サム・ギャレット博士に、心から感謝する。

また私は、この本のデータ、イラストレーション、素材に関して左記の方々の援助にお礼を申し上げる。フリーランス・フォトグラファーのリチャード・アンソニー、テイラーPRのエリザベス・バルドゥイノ、ザ・ワイナリー・エクスチェンジのジェニファー・ボウリング、Spirits-Review.com のクリス・カールソン、スカイのロビン・クーパー、ブラウン-フォアマン・コーポレーションのクリス・ヒューイとウォルト・トゥレスラー、カティーサーク・インターナショナルのリスク・ラーソン、コロニアル・ウィリアムズバーグ・ファウンデーションのマリアンヌ・マーティン、アイリッシュ・ディスティラーズ・ペルノー・リカールのジェイン・マーフィーとキャロライン・ベグリー、スマーツ・コミュニケーションズのスージー・リー、クーリー蒸留所のジャック・ティーリングとジェニファー・グレンジャー、クォーヴィス・コミュニケーションズのキャシー・ヤングとチェルシー・カミングズ、そして信じがたいほど協力的な合衆国議会図書館のプリント・フォトグラフ部門のみなさん。

本書に欠点や誤りがあればすべて著者の責任である。

訳者あとがき

本書『ウイスキーの歴史 *Whiskey: A Global History*』は、料理とワインに関する良書を選定するアンドレ・シモン賞の特別賞を2010年に受賞した The Edible Series（イギリスの Reaktion Books が刊行）の一冊だ。このシリーズは、多様な食べ物や飲み物の歴史や文化を紹介する充実したラインアップを誇っている。

著者のケビン・R・コザーは、実は、酒や料理の専門家というわけではない。ニューヨーク大学で政治学を修め、首都ワシントンのシンクタンクなどで活躍する、アメリカ政治、教育、公共政策を専門とする研究者であり著述家である（1970年オハイオ生まれ）。『ロナルド・レーガンと教育政策 *Ronald Reagan and Education Policy*』などの著書があり、ニューズウィーク誌ほか多数の新聞・雑誌に寄稿している。

本書のテーマは畑違いではないかと思いそうになるが、サンフランシスコ・ワールド・スピリッツ・コンペティションの審査員を務めたり、アカデミー・オブ・ワイン・コミュニケーションズのワイン・ライター賞をもらったりする別の顔も持っている。

そういうちょっと代わった著者の特徴がよく出て、無類に面白いウイスキー物語になっているのが本書である。

まずはウイスキー製造の工程をしっかり説明するのだが、そこからウイスキーの起源に話が進むと、著者の該博な知識が躍動してくる。アリストテレスの『気象論』から始まって、古代中世の錬金術まで参照する。と言っても、しちめんどうくさい知識を振り回すのではない。むしろ、母国をウイスキー発祥の地と主張したがる人々の、ときに滑稽な様子に注ぐあたたかい視線が感じられる。その大本にあるのが、「生命の水」と呼ばれたウイスキーの魅力を讃える気持、あるいはむしろ、少なくとも中世以来、その「水」を嘆賞してきた人々に寄せる共感であろう。

そうして、まことに面白い歴史の一面を感じさせるのが、スコッチ・ウイスキーとアイリッシュ・ウイスキーの興亡の物語である。一時はスコッチをしのぐ勢力を誇ったアイリッシュ・ウイスキーがなぜ壊滅に瀕したのか。そこでは、品質を守ろうとする意志が、国家の独立をめぐる政治や、世界大戦や、禁酒法などの歴史のうねりに翻弄される、皮肉ないきさつが描かれる。

だが現代に至って、その傷も癒され、世界のウイスキーは未曾有の繁栄の時代を迎えている、と著者は言うのである。スコッチ、アイリッシュ、アメリカンだけではなく、ウイスキーの生産は世界各地に広がった。なかでも大きな存在が日本であることを著者は見逃さない。アイルランドでかつて弾圧されたポチーン（密造ウイスキー）さえ復活し、いまやロンドンのヒースロー空港の売店に堂々と並べられている、と記す筆はいかにも痛快そうだ。そして、この本には政治家から泥棒まで多彩な人物が登場するが、むしろ「単に強い酒を楽しむだけの、幾万幾億もの人々」に向かって、「祝杯をあげよう」と呼びかけるのだ。

そうだ、世界に無数の困難があろうとも、今夜は（いや、夜とは限らないが）ウイスキーをグラスに注ぎ、この本の人々の物語が映し出される液体をのどに滑らせよう。

神長倉　伸義

2015年5月

写真ならびに図版への謝辞

著者と出版社より、図版の提供と掲載を許可してくれた関係者にお礼を申し上げる。

Photos Richard F. Anthony: pp. 17, 26, 83, 85; photo Brown-Forman Corporation: p. 138; from Hieronymus Brunschwig, *Liber de Arte Distillandi* (Strasbourg, 1512): p. 49上; Bushmills Irish Whiskey: p. 113; City of Toronto Archives: p. 142; photos Cooley Distillery: pp. 110, 116; photo Mike DiNivo/Action Sports Photography: p. 163; photos Dave Doody and Tom Green/The Colonial Williams burg Foundation: p. 51, 53, 170; photo The Edrington Group: p. 76; photo Tim Eubanks/Sam's Club: p. 159; from Harrison Hall, *The Distiller* (Philadelphia, 1818): p. 125; photo John Hawkins: p. 154; after John R. Hume and Michael S. Moss, *The Making of Scotch Whisky: A History of the Scotch Whiskey Distilling Industry* (Edinburgh: Canongate Books, Ltd, 2000): pp. 67下, 69上, 69下, 106上; photo Irish Distillers Limited: p. 109; photos Kevin R. Kosar: pp. 19, 21, 31, 61; photos Library of Congress, Washington, DC: pp. 12, 25, 59, 67上, 73, 93, 95, 97, 122, 126, 129, 132, 134, 135, 140, 143, 146; from Ian MacDonald, *Smuggling in the Highlands* (Inverness, 1914): p. 62; photo Makers Mark: p. 29; from Petrus Andreas Matthiolus, *Opera quae Extant Omnia* (Frankfort, 1586): p. 49下; from John L. Stoddard, *John L. Stoddard's Lectures*, Suppl. vol. I, *Ireland* (Boston, 1901): p. 94; photo Johnnie Walker: p. 75; photos Scotch Whisky Association: pp. 14, 28, 69下; photo Smithsonian National Postal Museum Collection: p. 148; photo Spirits-Reviews.com/Chris Carlsson: p. 156; Amber Wilhelm: pp. 82, 115; from Sydney Young, *Distillation Principles and Processes* (London, 1922): pp. 23上, 23下, 45.

Whiskeys (Shelburne, VT, 1995), pp. 293-331
Tolley, Lynne, *Jack Daniel's Spirit of Tennessee Cookbook* (Nashville, TN, 2009)

参考文献

Cowdery, Charles, Bourbon Straight: *The Uncut and Unfiltered Story of American Whiskey* (Chicago, IL, 2004)

Crowgey, Henry G., *Kentucky Bourbon: The Early Years of Whiskey-making* (Lexington, KY, 1971)

Dabney, Joseph E., *Mountain Spirits: A Chronicle of Corn Whiskey from King James' Ulster Plantation to America's Appalachian and the Moonshine Life* (New York, 1974)

Daiches, David, *Scotch Whisky: Its Past and Present* (London, 1969)

Forbes, R. J., *A Short History of the Art of Distillation*, 2nd edn (Leiden, Netherlands, 1970)

Hume, John R., and Michael S. Moss, *The Making of Scotch Whisky: A History of the Scotch Whisky Distilling Industry* (Edinburgh, 2000)

Jefford, Andrew, *Peat Smoke and Spirit: The Story of Islay and its Whiskies* (London, 2004)

MacClean, Charles, *Malt Whisky* (London, 2002)

Maguire, E. B., *Irish Whiskey: A History of Distilling, the Spirits Trade and Excise Controls in Ireland* (New York, 1973)

Mulryan, Peter, *The Whiskeys of Ireland* (Dublin, 2002)

Murray, Jim, *Jim Murray's Whisky Bible 2006* (London, 2005)

Regan, Gary, and Mardee Haiden Regan, *The Book of Bourbon and Other Fine American Whiskeys* (Shelburne, VT, 1995)

Smith, Gavin D., *The A to Z of Whisky* (Glasgow, 1993)

——, *The Secret Still: Scotland's Clandestine Whisky Makers* (Edinburgh, 2002)

Steadman, Ralph, *Still Life with Bottle: Whisky According to Ralph Steadman* (London, 1994)

◉ウイスキーを使った料理の本

McConachie, Sheila, and Graham Harvey, *The Whisky Kitchen* (Thatcham, Berkshire, 2008)

O'Connor, Aisling, *Cooking with Irish Whiskey* (London, 1995)

Regan, Gary, and Mardee Haiden Regan, *The Book of Bourbon and Other Fine American*

180*ml*のコーラをアイスキューブ数個とともにグラスに注ぐ。
2. お好みでレモンかライムのスライスを添える。

……………………………………………

◉ウイスキー・サワー

1. 60*ml*のバーボンかライ・ウイスキーを、3分の1まで氷で満たしたカクテル・シェーカーに注ぐ。
2. 15*ml*のレモンジュースと15*ml*のシンプル・シロップ（精製白砂糖と水を半々に混ぜたもの）を加える。
3. 混ぜたものをシェークしグラスに漉し出す。アイスキューブ数個を入れても入れなくてもよい。
4. マラスキーノ・チェリーとオレンジスライスを添える。

レシピ集

●ホット・トディ

1. 30〜90*ml*のウイスキー（なんでも可）を大きなマグカップに注ぐ。
2. レモンスライス1、お好みの量のハチミツと150*ml*かそれ以上の沸騰したお湯を加える。

………………………………………

●アイリッシュ・コーヒー

1. 30〜60*ml*のアイリッシュ・ウイスキーをマグカップか耐熱グラスに注ぐ。
2. 好みの量の砂糖と180*ml*のホットコーヒーを加える。
3. コールドクリームかホイップクリームを上に浮かべる。

………………………………………

●マンハッタン／ロブロイ

1. 60*ml*のバーボンあるいはライ・ウイスキーと30*ml*のスイート・ベルモットを、3分の1まで氷を入れたカクテル・シェーカーに注ぐ。
2. 1〜3ダッシュ（1ダッシュは数滴程度）のアンゴスチュラ・ビターズを加える。
3. 混ざったものをシェークし、グラスに漉す。
4. マラスキーノ・チェリーをそこに落とす。

※ロブロイ・カクテルの場合は、ウイスキーをスコッチに換える。

………………………………………

●ミント・ジュレップ

1. 3枚以上の新鮮なミントの葉を頑丈なグラスに入れ、90〜150*ml*のシンプル・シロップ（精製白砂糖と水を半々に混ぜたもの）を注ぐ。
2. ミントの葉を裂け始めるまでバー・スプーンなどでつぶす。
3. 60〜90*ml*のアメリカン・ウイスキーあるいはバーボンをグラスに注いでステアし、グラスを氷（できれば薄く削るかクラッシュしたもの）で満たす。
4. ミントの若枝を添える。

………………………………………

●スコッチ・アンド・ソーダ

1. 30〜60*ml*のスコッチと180*ml*のクラブソーダをアイスキューブ数個とともにグラスに注ぐ。
2. お好みでレモン・ツイスト（小片）を添える。

………………………………………

●ウイスキー・アンド・コーラ

1. 30〜60*ml*のアメリカン・バーボンあるいはテネシー・ウイスキーと

ケビン・R・コザー（Kevin R. Kosar）
ウェブサイト「アルコール・レビューズ・コム AlcoholReviews.com」創立者。『オックスフォード版　アメリカの飲食文化百科事典 *Oxford Encyclopedia of Food and Drink in America*』その他，酒に関しての執筆多数。アメリカ最大の国際的酒類コンペティション「サンフランシスコ・ワールド・スピリッツ・コンペティション」では審査員を務める。

神長倉伸義（かなくら・のぶよし）
東京都生まれ。青山学院大学文学部卒業。株式会社文藝春秋にて，雑誌編集部，文芸・翻訳出版部，文学賞事務局等に勤務。その後フリーとなり，編集・翻訳を手がける。

Whiskey: A Global History by Kevin R. Kosar
was first published by Reaktion Books in the Edible Series, London, UK, 2010
Copyright © Kevin R. Kosar 2010
Japanese translation rights arranged with Reaktion Books Ltd., London
through Tuttle-Mori Agency, Inc., Tokyo

「食《しょく》」の図書館《としょかん》

ウイスキーの歴史《れきし》

●

2015年5月27日　第1刷

著者……………ケビン・R・コザー
訳者……………神長倉《かなくら》 伸義《のぶよし》
翻訳協力……………株式会社リベル
装幀……………佐々木正見
発行者……………成瀬雅人
発行所……………株式会社原書房

〒160-0022 東京都新宿区新宿1-25-13
電話・代表03(3354)0685
振替・00150-6-151594
http://www.harashobo.co.jp

印刷……………新灯印刷株式会社
製本……………東京美術紙工協業組合

© 2015 Nobuyoshi Kanakura
ISBN 978-4-562-05162-5, Printed in Japan

パンの歴史　《「食」の図書館》
ウィリアム・ルーベル／堤理華訳

変幻自在のパンの中には、よりよい食と暮らしを追い求めてきた人類の歴史がつまっている。多くのカラー図版とともに読み解く人とパンの6千年の物語。世界中のパンで作るレシピ付。

2000円

カレーの歴史　《「食」の図書館》
コリーン・テイラー・セン／竹田円訳

「グローバル」という形容詞がふさわしいカレー。インド、イギリス、ヨーロッパ、南北アメリカ、アフリカ、アジア、日本など、世界中のカレーの歴史について豊富なカラー図版とともに楽しく読み解く。

2000円

キノコの歴史　《「食」の図書館》
シンシア・D・バーテルセン／関根光宏訳

「神の食べもの」か「悪魔の食べもの」か？　キノコ自体の平易な解説はもちろん、採集・食べ方・保存、毒殺と中毒、宗教と幻覚、現代のキノコ産業についてまで述べた、キノコと人間の文化の歴史。

2000円

お茶の歴史　《「食」の図書館》
ヘレン・サベリ／竹田円訳

中国、イギリス、インドの緑茶や紅茶のみならず、中央アジア、ロシア、トルコ、アフリカまで言及した、まさに「お茶の世界史」。日本茶、プラントハンター、ティーバッグ誕生秘話など、楽しい話題満載。

2000円

スパイスの歴史　《「食」の図書館》
フレッド・ツァラ／竹田円訳

シナモン、コショウ、トウガラシなど5つの最重要スパイスに注目し、古代～大航海時代～現代まで、食はもちろん経済、戦争、科学など、世界を動かす原動力としてのスパイスのドラマチックな歴史を描く。

2000円

（価格は税別）

ミルクの歴史　《「食」の図書館》
ハンナ・ヴェルテン／堤理華訳

おいしいミルクには波瀾万丈の歴史があった。古代の搾乳法から美と健康の妙薬と珍重された時代、危険な「毒」と化したミルク産業誕生期の負の歴史、今日の隆盛までの人間とミルクの営みをグローバルに描く。　２０００円

ジャガイモの歴史　《「食」の図書館》
アンドルー・Ｆ・スミス／竹田円訳

南米原産のぶこつな食べものは、ヨーロッパの戦争や飢饉、アメリカ建国にも重要な影響を与えた！　波乱に満ちたジャガイモの歴史を豊富な写真と共に探検。ポテトチップス誕生秘話など楽しい話題も満載。　２０００円

スープの歴史　《「食」の図書館》
ジャネット・クラークソン／富永佐知子訳

石器時代や中世からインスタント製品全盛の現代までの歴史を豊富な写真とともに大研究。西洋と東洋のスープの決定的な違い、戦争との意外な関係ほか、最も基本的な料理「スープ」をおもしろく説き明かす。　２０００円

ビールの歴史　《「食」の図書館》
ギャビン・Ｄ・スミス／大間知知子訳

ビール造りは「女の仕事」だった古代、中世の時代から近代的なラガー・ビール誕生の時代、現代の隆盛までのビールの歩みを豊富な写真と共に描く。地ビールや各国ビール事情にもふれた、ビールの文化史！　２０００円

タマゴの歴史　《「食」の図書館》
ダイアン・トゥープス／村上彩訳

タマゴは単なる食べ物ではなく、完璧な形を持つ生命の根源、生命の象徴である。古代の調理法から最新のレシピまで人間とタマゴの関係を「食」から、芸術や工業デザインほか、文化史の視点までひも解く。　２０００円

（価格は税別）

鮭の歴史　《「食」の図書館》
ニコラース・ミンク／大間知知子訳

人間がいかに鮭を獲り、食べ、保存（塩漬け、燻製、缶詰ほか）してきたかを描く、鮭の食文化史。アイヌを含む日本の事例も詳しく記述。意外に短い生鮭の歴史、遺伝子組み換え鮭など最新の動向もつたえる。　２０００円

レモンの歴史　《「食」の図書館》
トビー・ゾンネマン／高尾菜つこ訳

しぼって、切って、漬けておいしく、油としても使えるレモンの歴史。信仰や儀式との関係、メディチ家の重要な役割、重病の特効薬など、アラブ人が世界に伝えた果物には驚きのエピソードがいっぱい！　２０００円

牛肉の歴史　《「食」の図書館》
ローナ・ピアッティ＝ファーネル／富永佐知子訳

人間が大昔から利用し、食べ、尊敬してきた牛。世界の牛肉利用の歴史、調理法、牛肉と文化の関係等、多角的に描く。成育における問題等にもふれ、「生き物を食べること」の意味を考える。　２０００円

ハーブの歴史　《「食」の図書館》
ゲイリー・アレン／竹田円訳

ハーブとは一体なんだろう？　スパイスとの関係は？　それとも毒？　答えの数だけある人間とハーブの物語の数々を紹介。人間の食と医、民族の移動、戦争…ハーブには驚きのエピソードがいっぱい。　２０００円

コメの歴史　《「食」の図書館》
レニー・マートン／龍和子訳

アジアと西アフリカで生まれたコメは、いかに世界中へ広がっていったのか。伝播と食べ方の歴史、日本の寿司や酒をはじめとする各地の料理、コメと芸術、コメと祭礼など、コメのすべてをグローバルに描く。　２０００円

（価格は税別）

ケーキの歴史物語 《お菓子の図書館》

ニコラ・ハンブル／堤理華訳

ケーキって一体なに？ いつ頃どこで生まれた？ フランスは豪華でイギリスは地味なのはなぜ？ 始まり、作り方と食べ方の変遷、文化や社会との意外な関係など、実は奥深いケーキの歴史を楽しく説き明かす。 ２０００円

アイスクリームの歴史物語 《お菓子の図書館》

ローラ・ワイス／竹田円訳

アイスクリームの歴史は、多くの努力といくつかの素敵な偶然で出来ている。「超ぜいたく品」から大量消費社会に至るまで、コーンの誕生と影響力など、誰も知らないトリビアが盛りだくさんの楽しい本。 ２０００円

チョコレートの歴史物語 《お菓子の図書館》

サラ・モス、アレクサンダー・バデノック／堤理華訳

マヤ、アステカなどのメソアメリカで「神への捧げ物」だったカカオが、世界中を魅了するチョコレートになるまでの激動の歴史。原産地搾取という「負」の歴史、企業のイメージ戦略などについても言及。 ２０００円

パイの歴史物語 《お菓子の図書館》

ジャネット・クラークソン／竹田円訳

サクサクのパイは、昔は中身を保存・運搬するただの入れ物だった!? 中身を真空パックする実用料理だったパイが、芸術的なまでに進化する驚きの歴史。パイにこめられた庶民の知恵と工夫をお読みあれ。 ２０００円

パンケーキの歴史物語 《お菓子の図書館》

ケン・アルバーラ／関根光宏訳

甘くてしょっぱくて、素朴でゴージャス——変幻自在なパンケーキの意外に奥深い歴史。あっと驚く作り方・食べ方から、社会や文化、芸術との関係まで、パンケーキの楽しいエピソードが満載。レシピ付。 ２０００円

（価格は税別）

ニンジンでトロイア戦争に勝つ方法 上・下
世界を変えた20の野菜の歴史
レベッカ・ラップ／緒川久美子訳
トロイの木馬の中でギリシア人がニンジンをかじった理由は？　など、身近な野菜の起源、分類、栄養といった科学的側面をはじめ、歴史、迷信、伝説、文化まで驚きにみちたそのすべてが楽しくわかる。
各２０００円

図説　朝食の歴史
アンドリュー・ドルビー／大山晶訳
世界中の朝食に関して書かれたものを収集し、朝食の歴史と人間が織りなす物語を読み解く。面白く、ためになり、おなかがすくこと請け合い。朝食は一日の中で最上の食事だということを納得させてくれる。
２８００円

パスタの歴史
S・セルヴェンティ、F・サバン／飯塚茂雄、小矢島聡監修／清水由貴子訳
今も昔も世界各国の食卓で最も親しまれている食品、パスタ。イタリアパスタの歴史をたどりながら、工場生産された乾燥パスタと、生パスタである中国麺との比較を行い、「世界食」の文化を掘り下げていく。
３８００円

フランス料理の歴史
マグロンヌ・トゥーサン＝サマ／太田佐絵子訳
遥か中世の都市市民が生んだこの料理が、どのようにして今の姿になったのか？　食文化史の第一人者が食と市民生活の歴史を辿り、文化としての料理が誕生するまでの過程を描く。中世以来の貴重なレシピ付。
３２００円

シェフ、美食の大地をめぐる
アラン・デュカス／堀田郷弘、森本英夫訳
トリュフ、フォアグラ、チーズ、ワイン、オリーヴオイルなど、最高の食材とすぐれた伝統をうけつぐ作り手たちとの出会いを求め、フランス全土をめぐり歩く。豊穣な食と料理の世界を伝える美食案内記。
１８００円

（価格は税別）

必携ワイン速習ブック　ＪＳＡ呼称資格試験合格への最短ルート

剣持春夫、佐藤秀仁

日本ソムリエ協会の認定試験に対応し、教本の中で学ぶべき要点を網羅している。視覚に訴える地図など工夫を凝らした画期的なワインの教科書。ソムリエ界の重鎮が初めて明かすワインのてほどき。　３０００円

必携ワイン速習問題集2015年版　ＪＳＡ呼称資格試験のための1140のＱ＆Ａ

剣持春夫

日本ソムリエ協会認定試験の最新出題傾向を盛り込み、多数のＱ＆Ａを繰り返して無理なく知識が身につく。過去４年分を掲載した問題で合格力をつける。資格試験を熟知した著者による直前対策に最適な一冊。　２５００円

ワインを楽しむ58のアロマガイド

M・モワッセフ、P・カザマヨール／剣持春夫監修／松永りえ訳

ワインの特徴である香りを丁寧に解説。通常はブドウの品種、産地へと辿っていくが、本書ではグラスに注いだ香りからルーツ探しがスタートする。香りの基礎知識、嗅覚、ワイン醸造なども網羅した必読書。　２２００円

ワインの世界史　海を渡ったワインの秘密

ジャン＝ロベール・ピット／幸田礼雅訳

聖書の物語、詩人・知識人の含蓄のある言葉、またワイン文化にはイギリスが深くかかわっているなどの興味深い挿話をまじえながら、世界中に広がるワインの魅力と壮大な歴史を描く。　３２００円

マリー＝アンヌ・カンタン　フランスチーズガイドブック

マリー＝アンヌ・カンタン／太田佐絵子訳

著名なチーズ専門店の店主が、写真とともにタイプ別に解説、具体的なコメントを付す。フランスのほぼ全てのチーズとヨーロッパの代表的なチーズを網羅し、チーズを味わうための実践的なアドバイスも記載。　２８００円

（価格は税別）

シャーロック・ホームズと見る ヴィクトリア朝英国の食卓と生活
関矢悦子
目玉焼きじゃないハムエッグや定番の燻製ニシン、各種お茶にアルコールの数々、面倒な結婚手続きや使用人事情、やっぱり揉めてる遺産相続まで、あの時代の市民生活をホームズ物語とともに調べてみました。　２４００円

紅茶スパイ　英国人プラントハンター中国をゆく
サラ・ローズ／築地誠子訳
19世紀、中国がひた隠しにしてきた茶の製法とタネを入手するため、凄腕プラントハンターが中国奥地に潜入。激動の時代を背景に、ミステリアスな紅茶の歴史を描いた、面白さ抜群の歴史ノンフィクション！　２４００円

美食の歴史２０００年
パトリス・ジェリネ／北村陽子訳
古代から未知なる食物を求めて、世界中を旅してきた人類。食は我々の習慣、生活様式を大きく変化させ、戦争の原因にもなった。様々な食材の古代から現代までの変遷や、芸術へと磨き上げた人々の歴史。　２８００円

ルネサンス 料理の饗宴　ダ・ヴィンチの厨房から
デイヴ・デ・ウィット／富岡由美、須川綾子訳
ダ・ヴィンチの手稿を中心に、ルネサンス期イタリアの食材・レシピ・料理人から調理器具まで、料理の歴史と発展をエピソードとともに綴る。当時のメニューをありのままに再現した美食のレシピ付。　２４００円

図説 中国 食の文化誌
王仁湘／鈴木博訳
歴史にのこるさまざまな資料を収集し、中国の飲食文化とはいかなるものであったかを簡潔に解き明かした、第一人者による名著。多くの貴重な図版で当時の食器や饗宴の様子、作法が一目でわかる。　４８００円

（価格は税別）

調香師が語る香料植物の図鑑
フレディ・ゴズラン／前田久仁子訳
フレグランス製品を誕生させる植物71種を著名な調香師らが、その記憶、処方のコツなどを解説する独創的な図鑑。収穫風景、効用、文化、逸話を網羅、優れた香水群を紹介。協力：グラース国際香水博物館。3800円

マリー・アントワネットの植物誌
エリザベット・ド・フェドー／川口健夫訳
6区画80種の植物を稀代の植物画家ルドゥーテらによるボタニカルアートとともに、植物の来歴や効能、宮廷秘話を盛り込む。革命で牢に繋がれてからも花が喜びだった王妃の素顔が読みとれる歴史植物画集。3800円

ボタニカルイラストで見る 園芸植物学百科
ジェフ・ホッジ／上原ゆうこ訳
精密な植物図を満載し、植物学用語の秘密と植物学についてわかりやすく解説する。植物学の基本原理と言葉を理解し、ワンランク上のガーデニングを可能にしてくれる美しい挿絵入りの入門書。2800円

ヴィジュアル版 植物ラテン語事典
ロレイン・ハリソン／上原ゆうこ訳
代表的な植物やプラントハンター、植物の由来や姿かたち、色や特性、味や香りなどの豊富なコラムと、英国王立園芸協会リンドリー図書館所蔵の100以上におよぶ美しい図版が掲載された決定版！2800円

ヴェネツィアのチャイナローズ 失われた薔薇のルーツを巡る冒険
アンドレア・ディ・ロビラント／堤けいこ訳
ジョゼフィーヌ皇妃の側近だった先祖がヴェネツィアにもたらした「ローザ・モチェニガ」のルーツを探り、品種登録を目指すうち、作家は過去と現在のバラ愛好家たちの情熱と品種改良の歴史を知る。2500円

（価格は税別）

図説 世界史を変えた50の植物
ビル・ローズ／柴田譲治訳

世界の食糧をまかなうコメやムギ、薬効が高く評価されるハーブやスパイスなど、経済や政治そして農業の歴史に深くかかわった植物のなかでもよりすぐりの50の魅力あふれる物語を美しいカラー図版で紹介。

2800円

図説 世界史を変えた50の動物
エリック・シャリーン／甲斐理恵子訳

カ、カイガラムシ、イグアノドン、トナカイ、ミンククジラまで、わたしたちの世界の発展に大きく貢献し、生活様式に多大な影響をあたえた、驚くべき動物たちの胸躍る物語を豊富なカラー図版で解説。

2800円

図説 世界史を変えた50の鉱物
エリック・シャリーン／上原ゆうこ訳

経済史、文化史、政治史、産業史という糸を織り合わせながら、人類はどんな足どりで発展したのか、そして地球の資源を利用することによる危険など、興味深い考え方を提示している。

2800円

図説 世界史を変えた50の機械
エリック・シャリーン／柴田譲治訳

人類が生み出した機械から文明の発展をたどる。第一次産業革命の傑出した発明や通信に革命を起こした機器などの項目から機械が時代における可能性を押し広げてきたこと、その歴史的、技術的背景を解説。

2800円

図説 世界史を変えた50の食物
ビル・プライス／井上廣美訳

大昔の狩猟採集時代にはじまって、未来の遺伝子組み換え食品にまでおよぶ、食物を紹介する魅力的で美しい案内書。砂糖が大西洋の奴隷貿易をどのように助長したのかなど、新たな発見がある一冊。

2800円

（価格は税別）